노벨 과학상 수상자 연구 업적 파헤치기

미래를 바꾸는
노벨상
2024

미래를 바꾸는 노벨상 2024

초판 1쇄 발행 2025년 1월 10일

글쓴이	이충환 · 이종림 · 오혜진
편집	이용혁
디자인	이재호
펴낸이	이경민
펴낸곳	(주)동아엠앤비
출판등록	2014년 3월 28일(제25100-2014-000025호)
주소	(03972) 서울특별시 마포구 월드컵북로 22길 21, 2층
전화	(편집) 02-392-6901 (마케팅) 02-392-6900
팩스	02-392-6902
홈페이지	www.dongamnb.com
이메일	damnb0401@naver.com
SNS	🄵 🄾 💬

ISBN	979-11-6363-926-8 (43400)

노벨 과학상 수상자 연구 업적 파헤치기

미래를 바꾸는 노벨상 2024

이충환 · 이종림 · 오혜진 지음

인공지능 머신러닝의 토대를 닦다
물리상 – 존 홉필드, 제프리 힌턴

마이크로RNA를 발견하다
생리의학상 – 빅터 앰브로스, 게리 러브컨

인공지능으로 단백질 구조를 예측하다
화학상 – 데이비드 베이커, 데미스 허사비스, 존 점퍼

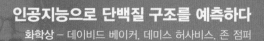

동아엠앤비

한국인 첫
노벨 과학상 수상을
기원하며

　노벨상은 인류 문명을 발전시키는 다양한 분야에서 가장 뛰어난 전문가에게 수여되는, 세계에서 가장 권위 있는 상입니다. 매년 12월 10일 알프레드 노벨의 사망일에 열리는 노벨상 시상식은 노벨상 수상자들의 훌륭한 업적을 인정하고 격려하는 의미 있는 행사입니다.

　전 세계 사람들은 노벨상 수상자들의 헌신과 열정에 경의를 표하며, 그들의 기여로 우리의 삶과 더불어 더 풍요로운 세상이 가까워진 데 대한 감사를 전합니다. 수상자들 모두는 희망의 미래를 향해 나아가는 여정에서 가장 중요한 발걸음을 내딛고 있습니다. 우리가 함께 살아가는 세상을 더 나은 곳으로 만드는 데 큰 역할을 하고 있습니다.

　노벨상은 단지 수상자 개인의 영광이 아닌, 그들의 성취가 인류에게 가져다주는 혜택과 영향력을 인정하는 것입니다. 노벨상 수상자들은 우리에게 미래를 열어줄 혁신적인 아이디어와 연구를 선사하였습니다. 그들의 업적은 우리 세상을 변화시키고 발전시키는 원동력이 되었습니다.

노벨상을 수상한 과학자, 문학가, 평화운동가들은 뛰어난 업적과 놀라운 열정으로 인류에 빛나는 희망을 안겨 주었습니다. 물리학, 화학, 의학에서 우수한 성과를 이룬 과학자들은 인류의 지식을 확

장시키고 질병에 대항하는 새로운 방법을 창출했습니다. 이들의 열정과 헌신은 우리의 삶을 더 건강하게 만들어 주었고, 미래를 향한 새로운 발전의 길을 열었습니다.

우리나라도 노벨상 수상자를 배출하기 위해 수십 년간 노력하고 있습니다. 올해는 한강 작가가 한국 최초로 노벨 문학상을 수상하여 화제가 되었습니다. 하지만 아쉽게도 아직 과학 분야 노벨상 수상자가 나오지는 않았습니다. 노벨상은 그 권위만큼이나 심사가 까다롭기 때문에, 보통 20~30년간에 걸친 후보자의 업적을 심사한다고 알려져 있습니다.

한국은 다양한 과학 분야에서 뛰어난 인재들을 배출해 왔으며 타의 추종을 불허하는 노력과 창의적인 아이디어로 세계에 기여하고 있습니다. 그 노력과 업적을 인정받아 한국인 과학상 수상자가 나오는 날이 오기를 진심으로 바라고 있습니다. 이 책을 읽는 독자 여러분도 앞으로 노벨상의 주인공이 될지도 모릅니다. 큰 꿈을 품고 열정을 발휘하면 다시 기적 같은 일이 우리를 찾아올 것입니다.

2024년 편집부

03 · 2024 노벨 화학상

04 · 2024 노벨 생리의학상

NOBEL PRIZES 2024

2024년
노벨상

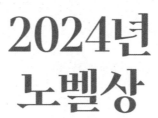

All Nobel Prizes
2024 Summary

✿ 2024년 12월 10일 스웨덴 스톡홀름에서 열린 노벨상 시상식. © Nanaka Adachi/Nobel Prize Outreach

한강의 기적을 넘어 인류의 지식과 삶을 풍요롭게 만들다

2024년 이전까지 한국인이 받은 노벨상은 2000년 김대중 대통령이 '대한민국과 동아시아 전반의 민주주의와 인권에 대한 공로 그리고 남북화해와 평화에 대한 노력'으로 수상한 노벨 평화상이 전부였지요. 그런데 2024년 10월 10일 목요일 저녁 노벨 문학상 수상자로 한강 작가가 발표되면서 대한민국은 다시 노벨상 신드롬을 앓았답니다. 그날 저녁 속보로 발표된 한강 작가의 노벨 문학상 소식에 우리나라 국민 모두 기뻐했죠.

이 소식에 한강 작가의 여러 작품이 국내는 물론 해외에서도 주목받았고 판매도 많이 됐습니다. 국내에서는 "생전에 노벨상 수상작을 원어로 읽게 되다니 너무나 감격스럽다."는 말이 회자되면서 서점에 한강 작가의 작품이 없어 못 팔 정도로 큰 인기를 끌었습니다. 인터넷 서점 교보문고에 따르면 수상 발표 후 12시간 만에 판매량이 451배나

노벨상은 어떻게 만들어졌을까?

노벨상은 스웨덴의 발명가이자 화학자인 알프레드 노벨의 유언에 따라 만들어진 상입니다. 다이너마이트를 발명해 엄청난 재산을 모은 노벨은 '남은 재산을 인류의 발전에 크게 공헌한 사람에게 상으로 주라'는 내용의 유서를 남겼거든요. 노벨상은 1901년부터 물리학, 화학, 생리의학, 문학, 평화처럼 노벨이 유서에 밝힌 5개 분야에 대해 시상하다가 1969년부터 경제학 분야가 추가됐어요. 시상식은 노벨이 세상을 떠난 12월 10일에 매년 열린답니다.

급증했다고 합니다.

아쉽게도 아직 우리나라에서는 노벨 과학상 수상자를 배출하지 못했지요. 과학계에서 일본은 스물다섯 명, 중국은 세 명이 각각 노벨 과학상을 수상했지만, 한국은 노벨 과학상뿐만 아니라 노벨상 바로 전 단계의 위상을 가지는 래스커상이나 울프상도 단 한 명도 받지 못했답니다. 래스커상은 미국 래스커재단에서 매년 의학 분야의 연구에 공헌한 사람에게 수여하는 상이고, 울프상은 이스라엘 울프재단에서 매년 뛰어난 업적을 이룬 농업, 화학, 수학, 의학, 물리학 및 예술 분야 전문가에게 주어지는 상이랍니다.

물론 우리나라에서도 노벨 과학상 수상자가 나와야 한다는 목소리도 높습니다. 하지만 우리 과학계의 환경과 시스템에 관한 문제점을 지적하는 의견도 나옵니다. 성과주의 과학정책 방향을 바꿔서 기초과학 육성정책을 통해 과학인력을 키워야 하며, 과학자들의 업적과 연구 문화를 널리 알려야 한다고 말이죠. 더욱이 우리 어린이와 젊은이가 노벨상을 꿈꾸며 도전해야 하겠죠.

이제 2024년 노벨상 수상자를 살펴보겠습니다. 수상의 영광을 차지한 사람은 모두 열한 명과 한 개 단체였습니다. 화학상, 경제학상 수상자가 각각 세 명, 생리의학상, 물리학상 수상자가 각각 두 명, 문학상 수상자가 한 명, 평화상 수상자가 한 개 단체였습니다. 최근에는 노벨상을 여러 명이 함께 수상하는 경우가 많은데, 한 분야에 최대 세 명(또는 3개 단체)까지 받을 수 있답니다. 단 훌륭한 업적을 남겼어도 이미 죽은 사람은 수상자가 될 수 없어요.

수상자를 선정하는 곳은 분야별로 정해져 있습니다. 스웨덴 왕립과학원에서 물리학상, 화학상, 경제학상 수상자를, 스웨덴 카롤린스카 의대 노벨위원회에서 생리의학상 수상자를, 스웨덴 한림원에서 문학상 수상자를 각각 선정합니다. 평화상 수상자는 노르웨이 의회에서 지명한 위원 다섯 명으로 이뤄진 노벨위원회에서 정한답니다. 모든 수상자는 매년 10월 초에 하루에 한 분야씩 발표합니다.

수상자들은 노벨상 메달과 증서, 상금을 받습니다. 메달은 분야마다 디자인이 약간씩 다르지만, 앞면에는 모두 노벨 얼굴이 새겨져 있어요. 증서는 상장이지만, 단순한 상장이 아닙니다. 그해의 주제나 수상자의 업적을 스웨덴과 노르웨이의 전문작가가 그림과 글씨로 표현한 예술 작품이랍니다.

상금은 매년 기금에서 나온 수익금을 각 분야에 똑같이 나누어 지급합니다. 그래서 상금액이 매년 다를 수 있는데, 2024년 노벨상의 상금은 2023년 상금과 동일한 1,100만 스웨덴 크로나(약 14억 원)로 책정됐어요. 공동 수상일 경우에는 선정기관에서 정한 기여도에 따라 수상자들에게 나눠 줍니다.

2024년 노벨상의 가장 큰 특징은 인공지능(AI)이 노벨 과학상 분야의 전면에 등장했다는 점을 손꼽을 수 있습니다. 특히 노벨 물리학상과 화학상 수상자가 AI 분야에서 쏟아져 나왔기 때문이죠. AI가 과학계에서 가장 권위 있는 노벨상을 휩쓸자, 일부 물리학자나 화학자가 문제를 제기하면서 전통 과학 진영의 논의가 활발하게 일어났답니다.

AI를 포함한 컴퓨터과학은 원래 응용 학문이라 노벨 물리학상이나 화학상의 대상이라는 생각을 하기 힘들었습니다. 사실 컴퓨터과학 부문에는 '이 부문의 노벨상'이라 불리는 튜링상이 있습니다. 현대 컴퓨터과학의 아버지 격인 앨런 튜링의 이름을 딴 이 상은 컴퓨터과학 부문에서 세계적으로 권위 있는 상으로 알려져 있어요.

2024년 노벨 물리학상은 인공신경망의 기초를 확립한 공로를 인정받은 존 홉필드 미국 프린스턴대 교수와 제프리 힌턴 캐나다 토론토대 교수가 받았습니다. 두 사람은 AI의 아버지로 불리는 인물입니다. 또 2024년 노벨 화학상은 구글 딥마인드의 최고경영자(CEO) 데미스 허사비스와 연구원인 존 점퍼 박사 그리고 데이비드 베이커 미국 워싱턴대 교수가 수상했습니다. 단백질의 구조를 예측하고 설계하는 계산법을 고안한 공로를 인정받았죠. 특히 바둑 AI '알파고'의 개발로 유명한 구글 딥마인드의 두 사람은 일부에선 의외의 노벨 화학상 수상자로 받아들여졌지만, AI 기반의 단백질 구조 예측 프로그램 '알파폴드'를 개발했답니다.

노벨위원회에서 2024년 노벨 과학상 수상 분야에서 AI를 전면에 내세운 데는 AI가 이끄는 융합 성과를 무시하기 힘들기 때문이기도 합니다. AI는 단순한 도구가 아니라 다양한 학문의 경계를 뛰어넘어 융합을 촉진하는 핵심 기술로 자리 잡았기 때문이죠. 이번 노벨상 수상은 AI가 연구 보조도구에서 벗어나 연구방법론을 혁신하고 새로운 과학적 발견을 가능하게 만드는 주요 도구로 인정받는 전환점이 될 수 있답니다.

자, 그럼 2024년 노벨상 수상자들은 어떤 업적을 인정받았는지 좀 더 자세히 들여다보겠습니다. 지금부터 노벨 문학상, 평화상, 경제학상 수상자들의 업적과 물리학, 화학, 생리의학 등 노벨 과학상 수상자들의 연구 업적을 간단히 살펴봐요.

● 노벨 문학상: 역사의 상처를 마주 보다

한강

2024년 노벨 문학상은 한국 소설가 한강에게 돌아갔습니다. 한강 작가는 한국 최초이자 아시아 여성 작가 최초로 노벨 문학상을 받았습니다. 그동안 노벨 문학상을 받은 아시아 작가는 시 '동방의 등불'로 유명한 인도 시인 라빈드라나트 타고르(1913년), 소설 『설국』으로 알려진 일본 소설가 가와바타 야스나리(1968년), 소설 『개인적 체험』으로 유명한 일본 소설가 오에 겐자부로(1994년), '중국의 프란츠 카프카'로 불리는 소설가 모옌(2012년)이었는데요, 모두 남성 작가였죠.

○ 2024년 노벨 문학상 수상자 한강 작가. © Nanaka Adachi/Nobel Prize Outreach

스웨덴 한림원은 한강의 소설에 대해 역사의 상처를 마주 보고 인간 삶의 취약함을 그대로 드러내는 작가의 강렬한 시적 산문이라고 평가하며 선정 이유를 밝혔습니다. 한림원은 또 작가는 대부분 여성인 인물들의 상처받기 쉬운 처지를 거의 '육체적'으로 공감하고 있다며 몸과 마음, 산 자와 죽은 자가 서로 연결된다는 독특한 의식을 지니고 있으면서 시적이고 실험적인 스타일로 현세대의 산문을 혁신했다고 설명했습니다.

한강 작가는 소설가 한승원의 딸로 1970년 광주광역시에서 태어났습니다. 어려서부터 소설에 친숙했으며 연세대에서 국문학을 공부했습니다. 1993년 《문학과 사회》 겨울호에 시 '서울의 겨울' 외 4편을 발표했고, 이듬해 《서울신문》 신춘문예에 단편소설 『붉은 닻』이 당선

되면서 작가로 첫발을 내딛기 시작했습니다.

2007년엔 소설 『채식주의자』를 발표했는데요, 이 소설로 2016년 세계 3대 문학상 중 하나로 손꼽히는 맨부커상 인터내셔널 부문에서 수상의 영예를 차지하면서 한강 작가는 세계적 명성을 얻었답니다. 또 2017년 소설 『소년이 온다』로 이탈리아 말라파르테 문학상, 2018년 『채식주의자』로 스페인 산클레멘테 문학상, 2023년 소설 『작별하지 않는다』로 프랑스 메디치 외국문학상을 각각 수상했습니다.

노벨 문학상은 1901년부터 2024년까지 총 117차례 수여됐는데, 수상자는 모두 121명입니다. 한강 작가는 여성 작가로는 역대 18번째 노벨 문학상 수상자가 됐고, 아시아 국가 국적의 작가로는 2012년 중국 작가 모옌 이후 12년 만에 수상했답니다. 흥미롭게도 노벨 문학상은 2012년 이후로 매년 남녀가 번갈아 수상자로 선정돼왔는데, 2023년 수상자가 남성 작가 욘 포세였기에 2024년에도 그 전통은 이어졌다고 하네요.

● 노벨 평화상: 핵무기 확산에 경종을 울리다
일본원폭피해자단체협의회(니혼히단쿄)

2024년 노벨 평화상은 일본의 원폭 생존자 단체인 일본원폭피해자단체협의회(日本被團協, 니혼히단쿄)에 수여됐습니다. 니혼히단쿄는 일본 히로시마와 나가사키의 원폭 피해자들의 풀뿌리 운동단체랍니다. 노르웨이 노벨위원회는 니혼히단쿄는 핵무기 없는 세상을 만들기 위한 노력과 증언을 통해 핵무기가 다시는 사용돼선 안 된다는 것을 보여준 공로가 있다고 수상 이유를 밝혔어요.

노벨위원회는 니혼히단쿄와 다른 원폭 피폭자의 대표자들이 특별히 노력한 덕분에 전 세계적으로 '핵 금기'가 확립됐다고 설명했습니다. 또 이 역사적 증인들은 자신들의 경험을 바탕으로 한 교육 캠페인을 만들고 핵무기 확산과 사용에 대해 긴급히 경고함으로써 전 세계적으로 핵무기에 대한 광범위한 반대를 형성하고 공고히 하는 데 크게 기여했다고 덧붙였습니다.

❂ 2024년 노벨 평화상을 수상한 일본원폭피해자단체협의회(니혼히단쿄)의 상징인 종이학. © Ill. Niklas Elmehed/Nobel Prize Outreach

2025년은 미국의 원자폭탄 두 개가 히로시마와 나가사키에 떨어져 주민 약 12만 명이 사망한 지 80주년이 되는 해랍니다. 오늘날의 핵무기는 훨씬 더 파괴적인 힘을 지니고 있어 문명을 파괴할 수도 있다고 노벨위원회는 지적했습니다.

니혼히단쿄는 1956년 일본 내 피폭자 협회와 태평양 지역 핵무기 실험 피해자들이 결성했습니다. 일본에서 가장 크고 영향력이 있는 피폭자 단체랍니다. 이 단체의 미마키 도시유키 대표는 노벨 평화상 수상이 전 세계에 핵무기 폐기를 호소하는 데 큰 힘이 될 것이라고 소감을 밝혔다고 하네요.

● 노벨 경제학상: 국가 간 성장의 차이 밝히다
다론 아제모을루, 사이먼 존슨, 제임스 로빈슨

노벨 경제학상은 나머지 상과 달리 1968년 스웨덴 중앙은행이 노벨을 기념하는 뜻에서 만든 상입니다. 시상은 1969년부터 시작했고

○ 2024년 노벨 경제학상을 수상한 다론 아제모을루, 사이먼 존슨, 제임스 로빈슨(왼쪽부터).   © Nanaka
Adachi/Nobel Prize Outreach

상금은 스웨덴 중앙은행이 별도로 마련한 기금에서 지급해요.

2024년 노벨 경제학상은 '국가 간 성장의 차이'를 밝힌 경제학자 세 사람에게 수여됐습니다. 미국 매사추세츠공대(MIT)의 다론 아제모을루와 사이먼 존슨 교수, 미국 시카고대의 제임스 로빈슨 교수가 그 주인공이죠. 세 사람은 국가 간 성장의 차이를 탐구하면서 그 원인이 지역, 인종, 성별과 같은 변수가 아니라 '포용적 제도'에 있다는 점을 규명했는데요, 흥미롭게도 국가 간 불평등과 빈부차를 연구하는 과정에서 한국 사례에 주목했답니다. 세 사람 모두 미국에서 활동하는 학자들이지만, 아제모을루 교수는 튀르키예 출신, 존슨 교수와 로빈슨 교수는 영국 출신이라고 해요.

1967년 튀르키예 이스탄불에서 태어난 아제모을루 교수는 런던 정치경제대(LSE)에서 박사학위를 받았고, 2005년엔 미국 경제학계에서 '예비 노벨 경제학상'이라 불리는 존 베이크 클라크 메달을 수상하기도 했습니다. 이 메달은 미국 경제학회가 40세 미만 경제학자에게

주는 것인데, 노벨 경제학상 수상자 가운데 상당수가 받았다고 해요. 1960년 영국에서 태어난 로빈슨 교수는 LSE를 졸업하고 예일대에서 박사학위를 받았고, 하버드대 교수를 거쳐 현재 시카고대 해리스 공공정책대학원 교수로 있답니다. 1963년 영국 태생의 존슨 교수는 국제통화기금(IMF) 수석 경제학자, 미국 싱크탱크인 피터슨국제경제연구소 연구원을 지냈답니다.

특히 아제모을루 교수와 로빈슨 교수는 『국가는 왜 실패하는가』의 저자로 잘 알려져 있어요. 이 책에서 경제 제도를 '포용적 경제 제도'와 '착취적 경제 제도'로 분류하고 포용적 제도가 국가의 번영을 이끈다고 설명하는데, 착취적 경제 제도를 고집한 북한이 국가의 실패를 맛봤지만, 포용적 경제 제도를 선택한 한국이 번영했다는 사례를 들었답니다.

2024년 노벨 과학상

노벨 과학상은 물리학, 화학, 생리의학이라는 세 분야로 나눠집니다. 2024년 노벨 과학상은 모두 일곱 명이 받았어요. 1901년 제1회 노벨상 이후 지금까지 전쟁 등으로 인해 시상하지 못했던 몇몇 해를 거쳐, 2024년에 노벨 물리학상은 118번째, 화학상은 116번째, 생리의학상은 115번째 시상이었답니다.

자, 이제 2024년 노벨 과학상 수상자들의 연구 내용을 간단히 살펴볼까요.

● 노벨 물리학상: 인공지능 머신러닝의 토대를 닦다

존 홉필드, 제프리 힌턴

2024년 노벨 물리학상은 인공지능(AI) 머신러닝(기계학습)의 초기 모델을 고안한 과학자 두 사람에게 돌아갔어요. 미국 프린스턴대의 존 홉필드 교수, 캐나다 토론토대의 제프리 힌턴 교수가 그 주인공들이랍니다.

노벨위원회는 인공신경망(ANN)을 통한 머신러닝을 가능하게 만드는 기초적 발견을 한 공로라고 선정 이유를 설명했습니다. 인공신경망은 AI가 복잡한 계산을 하는 데 이용하는 알고리즘인데요, 사람의 뇌 신경망이 작용하는 방식을 본떠서 만들었지요. 인공신경망을 이용한 머신러닝은 현재 사람 능력을 뛰어넘는 AI 작업능력의 핵심 요소로 손꼽힙니다.

과학자들은 인공신경망을 구현하기 위해 정교한 정보처리 알고리즘을 찾고자 인간의 뇌에 주목하게 됐습니다. 인간 뇌에서 신경세포(뉴런)가 정보를 주고받으며 신경세포 간에는 시냅스로 연결되는데요,

인공신경망에서는 서로 다른 값을 갖는 노드(연결점)가 신경세포 역할을 하고, 각 노드의 연결이 시냅스에 해당한답니다. AI 학계에서는 노드 연결이 정보를 처리할 수 있는 최적의 상태를 찾는 것이 주된 과제였지요.

1980년대 홉필드 교수는

◐ 2024년 노벨 물리학상을 수상한 존 홉필드(왼쪽)와 제프리 힌턴(오른쪽). © Nanaka Adachi/Nobel Prize Outreach

혁신적인 인공신경망 모델인 '홉필드 네트워크'를 제안했습니다. 계산이나 학습 과정이 일방향으로만 진행됐던 기존 인공신경망 모델과 달리 정보가 지속적으로 피드백을 받으며 처리되는 비선형 구조를 가진 것이 장점이었죠. 홉필드 교수는 물리학에서 원자나 전자 같은 입자가 특정 방향을 갖는 '스핀'에 착안해 왜곡되거나 불완전한 정보가 입력되더라도 노드들이 단계적으로 작동하며 이와 가장 유사한 정보를 찾아내도록 했답니다.

다음으로 힌턴 교수는 홉필드 네트워크를 발전시킨 모델 '볼츠만 머신'을 창안했습니다. 이 모델은 인공신경망에서 각 정보를 받는 노드들을 복잡한 거미줄처럼 구성했으며, 노드들은 드러난 것과 숨겨진 것으로 구분된답니다. 볼츠만 머신은 숨겨진 노드를 활용해 알고리즘의 계산 효율을 높이고 네트워크가 최적 상태를 유지할 수 있도록 했어요.

● 노벨 화학상: 단백질 구조 설계하고 AI로 그 구조를 예측하다

데이비드 베이커, 데미스 허사비스, 존 점퍼

2024년 노벨 화학상은 인간에게 유용한 단백질 구조를 설계하고 AI로 단백질 구조를 예측하는 데 공헌한 과학자 세 명에게 주어졌어요. 미국 워싱턴대의 데이비드 베이커 교수, 구글 딥마인드의 데미스 허사비스 최고경영자(CEO)와 존 점퍼 수석연구원이 그 주인공들이랍니다.

노벨위원회는 단백질의 놀라운 구조에 대한 코드를 해독한 공로라고 선정 이유를 설명했습니다. 베이커 교수는 단백질 설계의 새로

◎ 2024년 노벨 화학상을 수상한 데이비드 베이커, 데미스 허사비스, 존 점퍼(왼쪽부터). © Nanaka Adachi/ Nobel Prize Outreach

운 길을 열었고, 허사비스 CEO와 점퍼 연구원은 단백질 구조를 AI 로 예측했다고 평가받았어요.

단백질은 20가지의 아미노산이 사슬로 연결되는데요, 사슬이 꼬이고 얽히며 접히는 현상이 발생하고 복잡한 입체 구조를 이룹니다. 주어진 아미노산 서열로 만들 수 있는 단백질의 구조를 파악하면 이 단백질이 생체 내에서 어떤 기능을 하는지 이해할 수 있어요. 또 구조를 바꾸면서 원하는 기능을 하는 단백질을 설계하는 일도 가능하답니다.

연구자들 1970년대부터 단백질 구조를 예측하려고 노력했지만, 아미노산 종류와 상호 작용, 주변 환경 조건에 따라 접히는 모양이 달라져 쉽지 않았습니다. 이 난제를 해결하고자 허사비스 CEO와 점퍼 연구원은 2018년 AI를 이용해 단백질 구조를 예측하는 알파폴드를 발표했어요. 2020년엔 업그레이드된 알파폴드2를 발표했죠. 두 사람은

AI를 이용해 아미노산 서열로부터 단백질 3차원 구조를 예측하는 데 성공했답니다. 2억 개에 이르는 모든 단백질의 구조를 예측했습니다.

베이커 교수는 2003년 기존에 존재하지 않았던 '완전히 새로운 기능을 가진 단백질'을 컴퓨터로 설계하는 방법을 개발했습니다. 분자 역학 모델을 이용해 분자의 구조를 예측하고 설계하는 방법이었죠. 이를 통해 베이커 교수 연구팀은 의약품, 백신, 초소형 센서 등으로 이용될 수 있는 단백질을 연달아 설계했답니다.

● 노벨 생리의학상: miRNA를 발견하다
빅터 앰브로스, 게리 러브컨

2024년 노벨 생리의학상은 단일가닥염기 20여 개로 구성된 '마이크로RNA(miRNA)'를 발견한 두 과학자에게 돌아갔습니다. 미국 매사추세츠의대 빅터 앰브로스 교수와 미국 하버드대 의대 게리 러브컨 교수가 그 주인공들이랍니다. 스웨덴 카롤린스카 의대 노벨위원회는 다세포 생물의 발달과 기능에 중요한 역할을 하는 miRNA를 발견한 공로를 인정했다면서 두 사람은 miRNA 발견을 통해 유전자 발현 조절에 관한 연구 패러다임을 바꿨다는 점을 높이 평가했습니다.

두 사람은 선형동물인 예쁜꼬마선충에서 miRNA인 lin-4가 lin-14라는 유전자의 전령RNA(mRNA)에 결합해 유

◐ 2024년 노벨 생리의학상을 수상한 빅터 앰브로스(왼쪽)와 게리 러브컨(오른쪽). © Nanaka Adachi/Nobel Prize Outreach

2024년 노벨상 수상자 한눈에 보기

구분	수상자	업적
물리학상	존 홉필드 · 제프리 힌턴	•인공지능(AI) 머신러닝 (기계학습)의 토대 마련
화학상	데이비드 베이커 · 데미스 허사비스 · 존 점퍼	•단백질 설계 프로그램 및 단백질 구조 예측 인공지능(AI) 모델 개발
생리의학상	빅터 앰브로스 · 게리 러브컨	•마이크로RNA(miRNA) 발견
문학상	한강	•강렬한 시적 산문으로 역사적 트라우마와 보이지 않는 규칙에 맞서고, 인간 삶의 연약함을 폭로함
평화상	니혼히단쿄	•핵무기 없는 세상을 만들기 위한 노력을 통해 핵무기가 다시 사용돼서는 안된다는 피폭자들의 증언을 보여줌
경제학상	다론 아제모을루 · 사이먼 존슨 · 제임스 로빈슨	•장기적으로 국가의 경제적 번영에 미치는 요인으로서 정치·사회적 제도의 중요성 입증

전자 발현을 억제한다는 점을 발견했습니다. 노벨위원회는 특히 이 발견은 모든 복잡한 생명체에서 필수적인 유전자 발현에 새로운 관점을 더했다고 밝혔습니다.

앰브로스 교수는 1993년 miRNA를 처음 발견했습니다. 예쁜꼬마선충에서 miRNA인 lin-4가 mRNA에 결합해 유전자 발현을 억제한다는 사실을 밝혀냈답니다. 러브컨 교수는 한 걸음 더 나아가 miRNA가 단순한 유전정보 전달자가 아니라 유전자 발현을 조절하는 중요한 요소임을 알아내고 다양한 생물에서 miRNA의 보편적인 역할을 입증했습니다.

두 사람의 연구성과 덕분에 miRNA가 유전자 발현 조절자로서

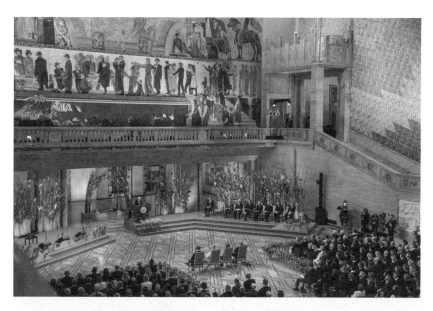

🔴 2024년 노벨 평화상을 받은 일본원폭피해자단체협의회(니혼히단쿄)의 다나카 데루미 대표위원이 12월 10일 노르웨이 오슬로에서 열린 노벨상 시상식에서 연설하는 모습. © Helene Mariussen/Nobel Prize Outreach

인간을 비롯한 생물에서 세포 발달, 분화, 질병 진행 과정에서 중요한 역할을 한다는 것이 알려졌습니다. 특히 암, 심혈관질환, 신경계 질환 등 다양한 질병이 발생하고 진행하는 과정에 miRNA가 관여한다는 사실도 밝혀졌어요. 이는 miRNA 발현 패턴이 질병 바이오마커로 사용돼 진단 및 치료 전략에 응용할 수 있다는 사실을 뜻합니다.

이그노벨상

포유류가 항문을 통해 호흡할 수 있어요?! 비둘기로 유도 미사일을 개발했다고요?! 동전을 던질 때 앞면과 뒷면이 나올 확률이 똑같지 않다고요?! 이처럼 별난 연구를 한 과학자들이 2024년 34회 '이

❂ 2024년 9월 12일 미국 매사추세츠공대(MIT)에서 진행된 34회 이그노벨상 시상식. © improbable.com

그노벨상'을 받았답니다.

'괴짜 노벨상'이라 불리는 이그노벨상은 1991년부터 미국 하버드 대의 유머과학잡지 《황당무계 연구연보(Annals of Improbable Research)》에서 매년 전 세계 연구 가운데 가장 기발한 연구를 선별해 수여합니다. 황당할 수도 있지만 재미있는 연구를 소개해, 어렵게만 느껴지는 과학에 흥미를 갖기 바라는 의도도 있다고 해요.

2024년에도 10개 부문에 걸쳐 수상자를 발표했습니다. 해마다 수상 분야가 약간씩 바뀌는데요, 2024년에는 생리학, 인구학, 의학, 물리학, 화학, 식물학, 해부학, 통계학, 평화, 생물학 분야에서 수상자를 발표했어요.

자, 그럼 2024년 이그노벨상 수상자들의 기발한 연구 내용을 한번 알아볼까요? 참, 잊지 마세요. 이그노벨상의 캐치프레이즈가 '웃어라, 그리고 생각하라'라는 사실을 말이죠.

● 생리학상: 포유류는 항문으로도 숨쉰다

포유류가 항문을 통해 호흡할 수 있다고요?! 일본 도쿄 치의학대 연구진이 생쥐와 돼지를 대상으로 실험한 결과 이들 포유류가 직장을 통해 전달되는 산소를 흡수할 수 있다는 사실을 밝혀내 2021년 국제 학술지 《메드(Med)》에 표지 논문으로 발표했습니다. 연구진은 이 연구 성과로 2024년 생리학 부문 이그노벨상을 차지했답니다.

연구진은 미꾸라지 같은 수생동물이 산소가 부족한 상황에서 창자를 통해 호흡한다는 사실에 주목하고 사람 같은 포유류도 가능한지 알아보는 실험을 했습니다. 이 연구에 참여한 다케베 다카노리 박사가 폐 질환을 앓고 있는 아버지의 치료법을 고민하던 것이 연구의

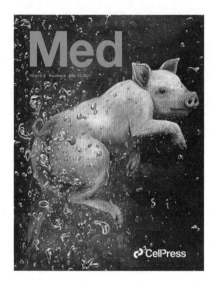
◐ 일본 연구진의 포유류 항문 호흡 연구 논문이
실린 국제학술지《메드》표지. © Cell Press/Med

발단이 됐다고 해요. 코로나19 팬데믹 시기에 인공호흡기가 부족한 호흡부전 환자들을 돕기 위한 목적도 있었답니다.

이들은 액체 형태의 산소를 포유류 항문에 주입하면 혈류로 직접 산소를 공급할 수 있다는 사실을 실험으로 밝혀냈습니다. 연구진은 폐를 통한 호흡만으로 산소 공급이 충분하지 못하거나 인공호흡기가 부족할 때 이 방법을 사용할 것으로 기대했습니다. 실제로 연구진은 항문 호흡 장치를 개발하기 위한 회사도 설립했고, 사람을 대상으로 임상시험 계획도 발표했답니다.

● 평화상: 비둘기를 이용한 미사일 조종

제2차 세계대전 당시엔 '평화의 상징'인 비둘기를 전쟁 도구로 투입했습니다. 미국의 유명한 심리학자 버러스 프레더릭 스키너는 시각이 발달한 비둘기를 연구했는데요, 비둘기가 불빛에 움직이도록 훈련을 시켰습니다. 조건반사 훈련이었죠. 비둘기는 이런 조건반사 훈련을 통해 미사일 안에 들어가 유도 미사일이 목표물을 향하도록 조종하는 역할을 하게 된 것입니다. 하지만 이 실험은 실효성이 떨어져 큰 호응을 받지 못했어요. 결국 비둘기는 실제

◐ 당시에 제작된 비둘기 조종 시스템.

전쟁에 사용되지 않았답니다.

비둘기를 이용해 유도 미사일을 조종하는 프로젝트는 1944년 중단됐고, 스키너는 1990년 사망했습니다. 그럼에도 스키너는 이 실험 덕분에 2024년 평화 부문 이그노벨상을 받았답니다. 사망자에게 수여되지 않는 노벨상과 달리 이그노벨상은 죽은 뒤에도 수상할 수 있다는 점을 보여주었지요.

● 해부학상: 머리카락 난 방향이 다르네?

사람 머리의 윗부분인 정수리 쪽에 있는 머리카락이 배열된 모양을 살펴보세요. 머리털이 한 곳(정수리)을 중심으로 빙 돌며 나와서 소용돌이 모양으로 된 부분을 가마라고 하죠. 프랑스와 칠레 공동 연구진이 사람이 사는 지역에 따라 가마 부분에서 머리카락이 난 방향이 다르다는 연구결과를 발표해 2024년 해부학 부문 이그노벨상을 거머쥐었습니다.

연구진은 프랑스와 칠레에 사는 어린이들을 대상으로 가마의 방향을 조사했습니다. 조사 결과 남반구든 북반구든 사람들의 머리카락 가마는 주로 시계 방향으로 휘어져 있지만, 남반구에서는 가마가 시계 반대 방향으로 휘어진 경우가 상대적으로 더 많았다고 합니다.

● 통계학상: 동전 던지기 확률은 50:50이 아니다?

동전을 던질 때 앞면과 뒷면이 나올 확률은 얼마나 될까요? 수학에서 일반적으로 각각의 확률이 50%라고 설명하죠. 하지만 동전을 35만 번 던지면 결과는 어떻게 나올까요?

네덜란드 암스테르담대학 연구진은 총 48명이 참여해 81일 동안

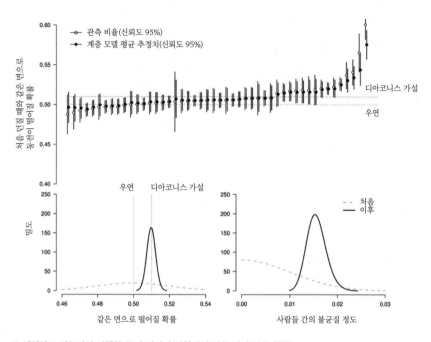

◐ 네덜란드 연구진이 진행한 동전 던지기 실험에서 같은 면이 나올 확률. © Journal of Stomatology, Oral and Maxillofacial Surgery

35만 757번 동전을 던진 결과, 처음 던질 때와 같은 면으로 동전이 떨어질 확률이 절반(50%)보다 0.8% 더 크다고 발표했습니다. 다시 말해 동전을 던졌을 때 앞면과 뒷면이 나올 확률이 똑같지 않다는 뜻이죠. 미국 수학자 퍼시 디아코니스가 동전을 던졌을 때 처음 나온 면이 나올 확률이 약간 더 높다는 가설을 세웠는데요, 이를 '디아코니스 가설'이라고 합니다. 이 가설을 증명한 연구진은 공중에 던져진 동전이 완전히 무작위적으로 도는 게 아니라 약간 비틀리면서 돌아 이런 결과가 나온 것으로 추정했어요. 연구진은 이 연구성과로 2024년 통계학 부문 이그노벨상을 받았답니다.

● 술 마신 벌레 분리하는 연구(화학상)부터 부작용이 큰 가짜약에 대한 연구(의학상)까지 수상

나머지 이그노벨상은 어떤 연구결과가 받았을까요? 화학상은 크로마토그래피를 사용해 술에 취한 벌레와 취하지 않은 벌레를 분리한 네덜란드와 프랑스 연구진에, 식물학상은 칠레에 서식하는 포도나무가 옆에 있는 인공 플라스틱 식물 잎의 모양을 모방한다는 사실을 밝혀낸 미국과 독일 연구진에 각각 주어졌답니다.

또 인구학상은 100살 이상 장수한 노인에 대한 통계의 허구성을 알아낸 영국 옥스퍼드대 연구진이, 물리학상은 죽은 송어도 물 흐름에 맞

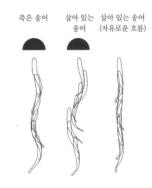

죽은 송어 살아 있는 살아 있는 송어
          송어   (자유로운 흐름)

● 미국 플로리다대 연구팀은 죽은 송어가 해류에 몸을 맡겨 살아 있는 송어만큼 효율적으로 이동한다는 사실을 밝혀냈다.
© Journal of Experimental Biology

춰 꼬리를 흔들며 수영을 한다는 사실을 밝힌 미국 플로리다대 연구진이 각각 차지했어요. 아울러 의학상은 고통스러운 부작용을 유발하는 가짜약이 부작용이 없는 가짜약보다 환자에게 더 효과적일 수 있다는 사실을 알아낸 스위스, 독일, 벨기에 연구진이, 생물학상은 1940년 겁에 질린 젖소의 우유 생산량이 줄어든다는 연구를 발표한 미국 생물학자들이 각각 받았죠. 생물학상을 받은 엘리 포다이스와 윌리엄 피터슨은 사후 수상자랍니다.

한국 최초의 노벨 문학상 수상자 한강

2024년 10월 10일 오후 8시 스웨덴 한림원은 2024년 노벨 문학상 수상자로 한국의 작가 한강을 선정했다고 발표했습니다. 스웨덴 한림원의 마츠 말름 사무총장은 그의 강렬한 시적 산문이 역사적 트라우마를 직면하며 인간 삶의 연약함을 드러낸다고 수상 이유를 밝혔습니다. 또 노벨위원회 앤더스 올슨 위원장은 한강 작가가 육체와 영혼, 산자와 죽은 자 사이의 연결에 대한 독특한 인식을 지니고 있으며, 시적이고 실험적인 스타일로 현대

● 한강 작가가 받은 노벨 문학상 증서(상장). © Nobel Prize Outreach

산문의 혁신가가 됐다고 말했습니다. 이 발표를 듣고 우리 문학계는 물론이고 모든 국민이 전율과 함께 놀라움과 기쁨을 동시에 느꼈습니다. 한강 작가는 자신의 수상 소식을 언제 들었을까요? 공식 발표 10분 전에야 스웨덴 한림원 관계자가 직접 전화해 수상 소식을 알려줬다고 합니다. 한강 작가 본인도 노벨위원회와 인터뷰 할 때는 장난전화인 줄 알았는데 결국 진짜인 걸 깨달았다고 밝혔지요. 그리고 아들과 함께 차를 마시며 축하했다고 하면서 기자회견을 열거나 성대한 파티를 하고 싶지 않다고도 전했답니다.

국내에서는 공식적으로 10월 17일 서울 강남구 아이파크타워에서 열린 제 18회 포니정 혁신상 시상식에 참석해 노벨상 수상 소감을 밝혔습니다. 한강 작가는 일상이 이전과 그리 달라지지 않기를 믿고 바란다며 쓰는 글을 통해 세상과 연결되는 사람이니 지금까지 그래왔던 것처럼 계속 써가면서 책 속에서

◎ 노벨 문학상을 수상하는 한강 작가. © Nanaka Adachi/ Nobel Prize Outreach

독자들을 만나고 싶다고 전했지요. 또 그는 지금은 올봄부터 써온 소설 한 편을 완성하려고 애써보고 있다면서 앞으로 6년 동안은 지금 마음속에서 굴리고 있는 책 세 권을 쓰는 일에 몰두하고 싶다고 말했습니다.

한강 작가는 1970년 11월 광주광역시에서 태어났습니다. 아버지는 한승원 작가로 영화 '아제아제 바라아제'의 원작소설, 1988년 이상문학상 수상작 『해변의 길손』 등을 집필했습니다. 한강 작가는 아버지로부터 문학적 감수성을 타고났는데요, 한승원 작가는 딸의 문장이 아주 섬세하게 아름답고 슬프다고 평하며 그 슬픈 문장을 어떻게 외국어로 번역하느냐가 수상 여부를 결정한다고 봤을 정도죠. 실제로 한강 작가의 대표작 『채식주의자』(2007, 창비)를 영어로 번역한 데버러 스미스가 주목받기도 했습니다. 스미스는 한국어를 독학으로 배우고 한국어와 한국 문학에 대한 애정을 바탕으로 한강 작가의 작품을 영어로 번역해 세계에 알린 영국인이랍니다.

어린 시절 한강 작가는 광주에서 살다가 서울로 이주했습니다. 광주 효동초등학교를 졸업한 뒤 서울로 옮겨 1989년 연세대 국문학과에 입학했습니다. 한강 작가는 대학교 4학년 때 윤동주문학상을 받으며 본격적인 작품 활동을 시작했는데요, 당시부터 그의

독특한 감수성과 깊이 있는 시선이 문학계의 주목을 받았답니다. 특히 한강 작가는 2016년 자신의 작품 『채식주의자』로 맨부커상(인터내셔널 부커상)을 아시아인 최초로 수상하면서 국내외 문학계는 물론 일반 독자들로부터도 주목받았고, 세계적 명성을 가진 작가로 발돋움하게 됐습니다. 『채식주의자』는 육식을 거부하는 여주인공 영혜의 이야기를 통해 인간의 본성, 폭력, 자유에 관한 철학적 질문을 제기한 작품인데요, 그 독특한 서사와 강렬한 이미지가 전 세계 독자들의 마음을 사로잡았답니다.

○ 한강 작가의 소탈한 모습. ⓒ 문학동네(촬영 전예진)

이후에도 한강 작가는 『소년이 온다』(2014, 창비), 『흰』(2016, 난다), 『작별하지 않는다』(2021, 문학동네) 등의 작품을 발표하며 한국 사회의 아픔과 상처를 문학적으로 풀어냈습니다. 노벨위원회는 한강 작가의 작품이 한국 현대사의 비극과 사회적 고뇌를 섬세하게 다루고 있다고 호평하면서, 특히 『소년이 온다』라는 작품에 주목했습니다. 이 작품은 1980년 광주 민주화 운동을 배경으로 한 소설로, 당시의 아픔과 상처를 세심하게 풀어내면서 독자들에게 깊은 울림을 전해줍니다. 한강 작가는 이 작품을 통해 단순히 문학적 성취를 거두는 데 그치지 않고 우리나라의 역사적 아픔을 치유하고자 하는 작가적 사명감을 보여주고 있는데요, 노벨위원회는 한강 작가의 이런 점이 노벨 문학상 수상의 중요한 근거가 됐다고 평가했답니다. 한강 작가는 『소년이 온다』로 2014년 제19회 만해문학상, 2017년 이탈리아 말라파르테 문학상을 각각 받았습니다.

노벨 문학상 발표 직후 노벨위원회 측과의 전화 인터뷰에서 한강 작가는 독자에게 추천하고 싶은 본인 작품으로 『채식주의자』 외에도 『작별하지 않는다』, 『흰』 등을 권했습니다. 그는 『작별하지 않는다』는 『소년이 온다』에 직접 연결돼 있고 『흰』은 상당히 자전적인 내용이어서 아주 개인적 작품이라고 소개했습니다. 『작별하지 않는다』는 제주 4.3 사건을 겪은 생존자가 실종된 가족을 찾기 위해 길고 고요한 투쟁을 벌이는 이야기를 담은 작품인데요, 폭력과 공포를 겪는 중에도 삶의 의지를 잃지 않는 인간의 모습을 섬세하게 다루었답니다. 한강 작가는 특유의 절제된 표현력으로 아픈 과거사를 풀어내는 정수를 보여줬다는 평을 받으며 이 소설로 2023년 프랑스 4대 문학상 중 하나인 메디치상(외국문학 부문)을 수상했습니다. 『흰』은 강보, 배내옷, 소금, 쌀, 눈, 달, 파도처럼 세상의 흰 것들에 대해 작성한 글 65편을 묶었는데요, 소설이면서 시이기도 한 독특한 글로 삶과 죽음에 대한 깊은 성찰을 표현했습니다.

『채식주의자』를 영어로 번역한 데버러 스미스는 국내 언론에 보낸 기고문에서 노벨 문학상이 주로 백인 남성에게 수여됐다는 사실은 얼마나 오랫동안 유럽 중심주의와 성차별이 만연했는지 보여준다고 지적하는 한편, 한강이 아시아 여성 최초로 노벨상을 받은 건 문학계가 공정한 시대로 나아가고 있다는 희망을 준다고 밝혔습니다. 한 비평가는 최근 한강의 문학적인 공헌은 앞으로 여러 세대에 걸쳐 울려 퍼질 것이라고 평가하기도 했습니다. 한강 작가의 노벨 문학상 수상으로 대한민국의 문화는 K-팝, K-드라마(영화), K-푸드 등을 넘어 K-문학으로 뻗어나가고 있음을 보여줍니다. 2024년 12월 10일 한강 작가는 스웨덴 스톡홀름에서 열리는 노벨상 시상식에서 한국어로 호명되기도 했습니다.

Nobel Prize in Physics 2024

2024년 노벨 물리학상

---　✳　---

John J. Hopfield(존 홉필드)
Geoffrey Hinton(제프리 힌턴)

◎ 왼쪽부터 존 홉필드, 제프리 힌턴. © Nanaka Adachi/Nobel Prize Outreach

2024년 노벨 물리학상, 수상자 두 명을 소개합니다!
- 존 홉필드, 제프리 힌턴

2024년 노벨 물리학상은 AI 기계학습의 토대를 닦은 미국 프린스턴대의 존 홉필드 교수와 캐나다 토론토대의 제프리 힌턴 교수가 수상했습니다. 이들은 인공신경망을 통한 기계학습을 가능하게 만드는 기초적 발견을 한 공로를 인정받았습니다. 일각에서는 두 사람 모두 AI 발전에 크게 기여한 학자들인데 노벨 물리학상을 받는 것이 맞느냐고 의아하게 생각하기도 했죠. 이를 의식해서인지 노벨위원회에서 배포한 자료에는 두 사람이 '물리학의 도구'를 사용해 오늘날 강력한 기계학습의 기반을 마련하는 데 도움이 되는 방법을 구축했다고 밝혔습니다.

홉필드 교수는 인간 뇌의 신경망을 모방해 정보를 저장하고 재구성할 수 있는 구조(홉필드 네트워크)를 만들었습니다. 힌턴 교수는 여기서 더 나아가 데이터의 속성을 독립적으로 발견할 수 있는 방법(볼츠만 머신)을 발명했는데요, 이 방법은 현재 사용되는 거대 인공신경망에서 중요해졌답니다. 결국 2024년 노벨 물리학상 수상자들 덕분에 거대 인공신경망이 등장해 특정 분야에서 사람 능력을 뛰어넘을 정도로 강력한 기계학습을 갖춘 AI가 가능해진 셈입니다.

2024년 노벨 물리학상 한 줄 평

AI 기계학습의 토대를 닦다

존 홉필드 미국 프린스턴대 명예교수

- 1933년 미국 시카고 출생
- 1958년 미국 코넬대에서 박사학위 받음
- 1961~1964년 미국 버클리 캘리포니아대 물리학과 교수
- 1964~1980년 미국 프린스턴대 물리학과 교수
- 1980~1997년 미국 캘리포니아공대 화학과, 생물학과 교수
- 1997년~ 미국 프린스턴대 분자생물학과 교수

제프리 힌턴 캐나다 토론토대 명예교수

- 1947년 영국 런던 출생
- 1978년 영국 에든버러대에서 박사학위(인공지능) 받음
- 1982~1987년 미국 카네기멜론대 컴퓨터과학과 교수
- 1987년~ 캐나다 토론토대 컴퓨터과학과 교수

2024년 노벨 물리학상은 기계학습 기술을 개발해 AI 시대의 토대를 마련한 두 명의 과학자에게 돌아갔다고 했죠. 사실 두 사람은 정통 물리학자는 아닙니다. 힌턴 교수는 인지심리학자이자 컴퓨터 과학자이고, 홉필드 교수는 물리학, 화학, 생물학을 넘나들며 연구 활동을 해온 과학자랍니다.

그럼에도 두 사람이 노벨 물리학상을 받은 데는 그들의 연구성과에 물리학 원리가 녹아들어 있기 때문입니다. 아울러 AI 기계학습의 토대인 인공신경망에 관한 연구는 인간 뇌를 모방하는 융합적 연구이기도 합니다. 자, 이제 2024년 노벨 물리학상의 업적을 이해하기에 앞서 필요한 지식을 살펴보죠.

● AI, 어디까지 왔나

영화 속에 등장하는 AI를 보면, 인간을 감시하고 인간의 지능을 뛰어넘을 정도라서 AI가 인간을 지배하는 세상이 오지 않을까 하며 섬뜩함을 느낄 때가 있습니다. 예를 들어 영화 '터미네이터' 속의 스카이넷은 인간의 능력을 훨씬 능가하며 인간을 지배하고 인류를 멸망시키려는 초지능(super AI)의 모습을 보여주고, 영화 '그녀(Her)'에 나오는 AI 소프트웨어 사만다는 주인공 테오도어의 일정을 관리해주고 그의 글을 모아 책 출판 계약을 알아서 진행하거나 그와 사랑을 나누는 연인 역할도 합니다.

AI라는 용어는 1956년 미국 다트머스의 한 학회에서 미국 컴퓨터 과학자 존 매카시가 처음 사용하면서 등장했습니다. 매카시는 AI를 '기계를 인간 행동의 지식에서와 같이 행동하게 만드는 것'이라고 정의했습니다. 하지만 사실 AI란 개념 자체는 1950년 영국의 수학자이자 컴퓨터과학자인 앨런 튜링이 제안한 바 있습니다. 튜링은 그해 《마인드(Mind)》란 저널에 「컴퓨터와 지능(Computing Machinery and Intelligence)」이라는 논문을 발표하면서 '기계가 생각할 수 있을까?'라는 질문을 던졌고, 사람이 컴퓨터의 반응을 인간의 반응과 구별할 수 없다면 컴퓨터가 지능이 있다고 간주해야 한다고 주장했습니다. 이는 '튜링 테스트'라고 불립니다.

튜링 테스트를 통과하기 위해서는 심사위원들과 5분간 대화한 뒤 30% 이상으로부터 컴퓨터인지, 인간인지 구분하지 못하겠다는 판정을 받아야 합니다. 2014년 유진 구스트만이란 채팅로봇(컴퓨터 프로그램)이 30명의 심사위원과 채팅을 나눈 결과 심사위원 중 33%로부터 10대 소년이라고 인정받았다고 합니다. 구스트만이 튜링 테스트를 통과한 '최초의 AI'라는 평가를 받지만, 일

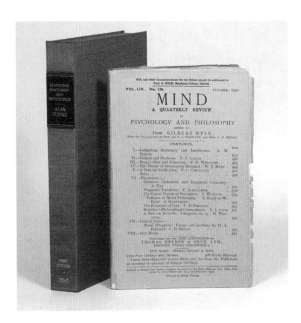

◎ 1950년 영국의 앨런 튜링이 발표한 논문 「컴퓨터와 지능」 © MIND

부 전문가들은 이에 대해 회의적입니다. 최근 오픈AI에서 개발한 대화형 AI 서비스 챗GPT는 인간보다 더 뛰어난 답변을 내놓기도 해 주목받고 있습니다. 오히려 AI의 답변이 월등해 사람들이 챗GPT의 답변이라는 것을 눈치챘다는 조사결과도 나왔습니다.

◎ 유진 구스트만과 대화를 나눌 수 있던 웹사이트. 현재는 폐쇄되었다.

AI는 많은 분야에서 이미 인간을 능가했습니다. 1997년 AI '딥블루'가 세계 체스 챔피언을 이겼고, 2011년 AI '왓슨'이 미국 퀴즈쇼에서 인간 챔피언을 물리쳤으며, 2016년 AI '알파고'가 바둑 대결에서 이세돌 9단을 이겼습니다. 현재 AI는 언어 간 번역부터 이미지 해석, 합리적 대화까지 다양한 분야에서 활용되고 있습니다. 흔히 AI라 하면 인간처럼 학습, 추론, 적응, 지각 등을 할 수 있는 컴퓨터 시스템을 말합니다.

● 기계학습과 강화학습

AI는 한마디로 인공적으로 인간의 지능을 모방하려는 노력입니다. 그중 하나의 예가 바로 기계학습입니다.

일반 컴퓨터 프로그램은 사람이 직접 컴퓨터에 필요한 규칙을 입력하면 원하는 답을 내주는 식으로 작동하지만, 기계학습의 경우 컴퓨터가 직접 수많은 데이터를 분석해 알맞은 규칙을 스스로 찾아내 문제를 해결합니다. 즉 기계학습은 데이터를 사용해 기계가 스스로 학습하게 만드는 방법을 말한답니다.

컴퓨터가 스스로 알맞은 규칙을 찾을 수 있도록 도와주는 기계학습에는 지도학습, 비지도학습, 강화학습이 있습니다. 먼저 지도학습은 문제와 정답을 알려주며 학습시키는 방법인데요, 데이터를 몇 개의 그룹으로 분류하거나 입력 데이터로부터 연속적인 예측(이를 '회귀'라고 해요)을 할 때 활용하기 좋은 기계학습 방법입니다. 분류 모델은 수많은 이메일 중에서 스팸 메일을 분류하거나 의료 영상을 분석해 질병이 있는지 판단하는 데 활용될 수 있으며, 회귀 모델은 가까운 미래의 날씨를 예측하거나 주택 가격의 변동을 예측하는 데 쓰이기도 합니다.

　　반면 비지도학습은 정답을 알려주지 않고 규칙을 스스로 발견하

◉ 2016년 이세돌 9단과 대결을 펼치고 있는 바둑 AI 알파고. 왼쪽은 알파고의 대리인인 구글 딥마인드의 아자 황 박사. 알파고는 강화학습을 통해 바둑을 학습했다. ⓒ 구글 딥마인드

게 만드는 방법입니다. 정답이 없는 상태에서 비슷한 특성을 가진 데이터를 모을 때 효과적이랍니다. 예를 들어 매일 수없이 쏟아지는 뉴스들을 자주 나오는 단어에 따라 모아서 보여주거나 수많은 고객을 구매 성향별로 모아서 관리할 수 있어요.

끝으로 강화학습은 실패와 성공의 과정을 반복하여 학습해 나가는 방법입니다. 즉 AI가 시행착오를 통해 스스로 학습하는 방법을 뜻합니다. 예를 들어 강화학습을 통해 AI가 특정 게임을 잘할 수 있도록 게임을 잘할 때 보상으로 점수를 주고 못할 때 벌칙으로 감점하도록 프로그래밍을 해 훈련시킬 수 있어요. 결국 AI는 더 많이 보상을 받을 수 있는 방향으로 작동한답니다. 강화학습의 대표적인 예가 바둑 AI로 유명한 알파고인데, 알파고는 강화학습으로 바둑을 학습해 유명 바둑 기사를 잇달아 물리치며 지구상에서 바둑을 가장 잘 두는 AI가 됐습니다. 또 걷거나 계단을 오르는 로봇, 자율주행 자동차에도 강화학습을 적용해 로봇이 보행하며 움직이거나 자동차가 안전하게 운행될 수 있도록 만들 수 있습니다. 이렇게 강화학습은 AI가 주어진 환경과 상호작용하며 가장 큰 보상을 받을 수 있게 스스로 학습하도록 만들기 때문에 일상생활 속 다양한 곳에 적용될 수 있답니다.

● 심층학습 딥러닝

기계학습 중에서 인간 뇌 속 뉴런(신경세포)의 작동 방식을 흉내 내는 방식으로 학습하는 방식이 심층학습, 즉 딥러닝입니다. 사람은 아기일 때 개와 고양이를 구분하기 어려워하는데요, 눈으로 계속 관찰하다 보면 특정 정보가 뇌 속의 뉴런에 전달되고 수많은 뉴런이 이 정보를 주고받으면서 개와 고양이를 학습하게 되는 것이죠. 뇌의 이런 학습

과정을 본떠서 인공신경망을 만들었습니다. 이 인공신경망이 여러 층으로 쌓여 반복 학습하는 방식을 바로 딥러닝이라고 한답니다.

AI가 딥러닝을 통해 개와 고양이의 특징을 찾아내고, 이렇게 알아낸 특징을 바탕으로 개와 고양이를 분류할 수 있습니다(딥러닝의 자세한 과정은 뒷부분에서 다룹니다). 딥러닝 덕분에 AI도 사람처럼 개와 고양이를 구별할 수 있게 된 것이죠. 딥러닝의 핵심은 꾸준한 반복 학습에 있습니다.

딥러닝은 다양하게 활용되고 있습니다. 딥러닝으로 이미지를 이해하는 컴퓨터 비전뿐만 아니라 소리를 이해하는 음성인식, 사람의 말을 이해할 수 있도록 처리하는 자연어 처리도 가능해졌습니다. 이들 기술은 사물 인식, 질병 확인, AI 스피커, AI 비서 등에 쓰일 수 있어 일상생활에 큰 도움이 되고 있습니다.

● 인간 뇌의 신경망

사실 AI 분야의 과학자들은 인간 뇌의 작동 방식을 연구하고 이를 활용하려고 노력해 왔습니다. 인간 뇌는 어떻게 작동할지 구체적으로 살펴보겠습니다.

먼저 인간 뇌에 있는 신경세포(뉴런)에 대해 알아보죠. 뉴런은 그리스어의 밧줄이나 끈을 뜻하는 말에서 유래됐는데요, 생명 활동에 필요한 전기신호와 화학적 신호를 전달하는 서로 연결된 신경세포랍니다. 인간 뇌에는 약 1000억 개의 뉴런이 존재하는 것으로 추정됩니다. 기본적으로 뉴런은 핵이 있는 세포 부분인 신경세포체, 세포체에서 뻗어 나와 신호를 주고받는 돌기, 돌기 사이에 신호를 전하는 부분인 시냅스로 나눌 수 있습니다. 특히 돌기는 다른 세포에서 신호를 받

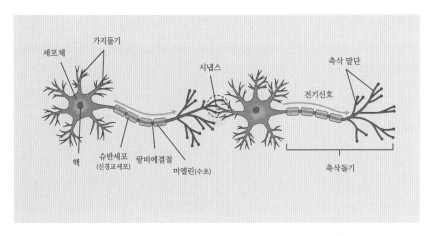

○ 신경세포(뉴런)는 세포체, 돌기(가지돌기, 축삭돌기), 시냅스로 구분되는데, 생명 활동에 필요한 전기신호와 화학적 신호를 전달한다.

는 부분인 가지돌기, 다른 세포에 신호를 전달하는 부분인 축삭돌기가 있습니다. 시냅스는 축삭돌기의 끝부분과 다른 신경세포의 가지돌기가 미세하게 벌어진 형태로 맞닿아 있는 곳으로, 약 100조 개가 존재한다고 추정됩니다.

　뉴런은 역할에 따라 감각뉴런, 연합뉴런, 운동뉴런으로 나눕니다. 감각뉴런은 감각 신경을 이루며 감각기관에서 발생한 자극을 중추신경계(뇌와 척수)로 전달합니다. 연합뉴런은 척수나 뇌와 같은 중추신경을 구성하는데, 감각뉴런으로부터 받은 자극을 판단하고 운동뉴런을 통해 반응을 내놓습니다.

　이제 뉴런이 동물에서 신경을 구성하여 신호를 전달하는 과정을 살펴보죠. 뉴런 내에서는 전기신호를 전하는 방식, 다른 뉴런에는 보통 시냅스를 통해 화학물질(신경전달물질)을 분비하는 방식으로 신호를 전달합니다. 즉 수상돌기를 통해 입력 신호를 받아들이고 이 신호는 축삭돌기를 통해 다른 뉴런으로 전달되는데요, 이 과정에서 정보는 전기신호로 변환되며, 신경전달물질로 다른 뉴런의 수상돌기로 이동하게 된답니다. 특히 뉴런은 신경전달물질로 활성화 정도가 조절됩니다.

각 뉴런은 여러 다른 뉴런으로부터 정보를 받습니다. 뉴런은 세포체가 이런 정보를 통합해 뉴런이 어떻게 반응할지를 결정하는데요, 충분한 자극을 받으면 반응해 액션 포텐셜이란 전기신호를 생성하고 이 신호가 축삭돌기를 따라 다음 목표지까지 전달됩니다. 또 뉴런 간의 연결 강도는 경험과 학습을 통해 변할 수 있습니다. 이런 변화는 '시냅스 가소성'이라 불리는데요, 학습과 기억에 기본적인 메커니즘으로 작용하죠. 반복적인 자극은 시냅스의 효율성을 높여 정보의 흐름을 강화할 수 있답니다. 이처럼 뉴런은 단순히 신호 전달 기능을 넘어서 뇌의 정보 처리 및 저장 방식에 결정적인 영향을 줍니다.

● 인공신경망과 그 작동 원리

인간의 뇌 속 뉴런이 작동하는 신경망 구조를 본떠 알고리즘으로 만든 것이 바로 인공신경망입니다. 딥러닝의 기본 요소인 인공신경망은 인간 뇌의 뉴런과 시냅스의 작동 원리 중 일부를 수학적으로 모델링해 기계로 학습하는 알고리즘입니다.

뇌는 여러 뉴런의 네트워크로 구성되는데, 이런 신경망 구조를 인공적으로 구현하려면 먼저 단일 뉴런의 구조를 흉내 내야 합니다. AI에서 이런 단일 인공뉴런을 '노드(또는 유닛)'라고 합니다. 뉴런에 들어오는 자극처럼 외부로부터 인공뉴런에 들어오는 입력은 '가중치'가

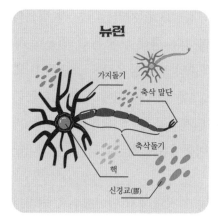
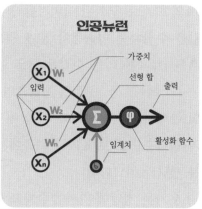

○ 생물의 뉴런을 모방한 인공뉴런에서는 입력은 가중치를 곱한 뒤 합쳐서 처리되고, 노이즈를 거르기 위해 임계치 이상만 출력하도록 활성화 함수를 거친다.

곱해져 처리됩니다. 가중치는 노드 간 연결 강도를 뜻하며 신경망에서 더 중요한 입력 정보를 나타내는 방식입니다. 노드에 입력된 정보도 그대로 출력되지 않습니다. 무의미한 정보 노이즈를 거르기 위해 임계치(역치) 이상의 입력만 출력하도록 '활성화 함수'를 거쳐 출력된답니다.

이제 이런 노드를 모아 인공신경망을 구축합니다. 신경망에서는 한 뉴런의 출력은 곧 다른 뉴런의 입력이 되는데요, 이를 본떠 인공신경망을 만들 때는 복잡한 구조를 이해하기 쉽도록 크게 3개 층으로 구조화합니다. 바로 입력층, 은닉층(중간층), 출력층이 그것입니다. 특히 은닉층에서는 핵심적인 연산이 일어나고, 여러 층의 은닉층을 쌓아 딥러닝을 위한 심층 신경망을 만듭니다.

예를 들어 인공신경망을 이용해 간단한 이미지를 분류해봅시다. 5

×4의 화소로 구성된 이미지를 인공신경망으로 처리한다면 각 픽셀의 값을 수집하는 입력층이 20개 필요합니다. 흰색 부분은 0, 검은색 부분은 1로 데이터를 수집할 경우 입력층의 노드들은 은닉층으로 0 또는 1의 데이터를 보내고, 은닉층의 노드는 이 데이터에 가중치를 곱한 뒤 합해서 받아들입니다. 이 합에서 임계치를 뺀 뒤 활성화 함수를 거쳐 출력층으로 보내고, 출력층에서 이를 최종 처리한 뒤 해당 데이터를 정답과 비교합니다.

오차는 정답에 가까울수록 작아지고 정답에서 멀어질수록 커지므로, 인공신경망은 오차를 최소화하기 위해 가중치와 임계치를 스스로 조절합니다. 이것이 바로 인공신경망의 핵심 작동 원리랍니다. 인공신경망이 정답과의 오차를 최소화하고자 가중치와 임계치를 조절하는 과정을 '최적화'라고 합니다.

● 인공신경망의 탄생과 재조명

지난 15~20년간 기계학습은 폭발적으로 발전했으며, 현재 인공신경망이란 구조를 활용하고 있습니다. 요즘 AI에 관해 이야기할 때 흔히 말하는 기술 유형이 바로 이것입니다. 기계학습은 일종의 레시피처럼 작동하는 기존 소프트웨어와 다릅니다.

소프트웨어는 누군가 재료를 수집하고 레시피에 따라 가공해 케이크를 만드는 것처럼 명확한 설명에 따라 처리되고 결과를 생성하는 데이터를 받습니다. 대신 기계학습에서는 컴퓨터가 사례를 통해 학습하므로 단계별 지침으로 다루기는 너무 모호하고 복잡한 문제마저 해결할 수 있습니다. 하나의 예는 그림을 해석해 그 안에 있는 물체를 식별하는 것입니다.

인공신경망은 네트워크 전체 구조를 이용해 정보를 처리합니다. 처음에는 뇌가 어떻게 작동하는지 이해하려는 욕구에서 영감을 얻었습니다. 1940년대 연구자들은 뇌의 뉴런과 시냅스 네트워크의 기초가 되는 수학적 원리를 추론하기 시작했습니다. 이 문제의 또 다른 조각은 심리학에서 나왔습니다. 뉴런 사이의 연결이 함께 작동할 때 강화되기 때문에 학습이 어떻게 발생하는지에 대한 캐나다 신경심리학자 도널드 헵의 가설 덕분입니다. 헵에 따르면 반복적 자극을 통해 언제든지 신경망의 연결이 강화되거나 변할 수 있답니다. 즉 학습은 시냅스의 연결 크기를 변화시키는 것이고, 시냅스 연결 크기들의 집합이 바로 기억이라는 뜻입니다.

나중에 이런 아이디어는 컴퓨터 시뮬레이션으로 인공신경망을 구축해 뇌의 신경망 기능을 재현하려는 시도로 이어졌습니다. 여기서 뇌의 뉴런은 서로 다른 값이 부여된 노드로 모방하고, 시냅스는 더 강해지거나 약해질 수 있는 노드 사이의 연결로 표현합니다. 도널드 헵의 가설은 훈련이라는 과정을 통해 인공신경망을 업데이트하는 기본 규칙 중 하나로 여전히 사용되고 있습니다.

1960년대 말 일부 낙담스러운 이론적 결과가 나오면서 이로 인해 많은 연구자는 이런 신경망이 실제로는 전혀 쓸모없는 것이 아닌가 의심하게 됐습니다. 1969년 미국의 컴퓨터과학자이자 인지과학자인 마빈 민스키가 인공신경망으로 논리회로 구축에 꼭 필요한 기본 요소를 만들 수 없다는 사실을 증명했기 때문입니다. 이후 10년 이상 AI 연구의 암흑기가 찾아왔습니다. 하지만 인공신경망은 1980년대 몇 가지 중요한 아이디어가 제기되면서 다시 관심을 받게 됐습니다. 여기에는 2024년 노벨 물리학상 수상자들의 연구가 포함돼 있습니다.

본격! 수상자들의 업적
AI 기계학습의 토대를 닦다

노벨위원회는 미국 프린스턴대의 존 홉필드 교수, 캐나다 토론토대의 제프리 힌턴 교수가 인공신경망을 이용한 기계학습의 근간이 되는 발견과 발명에 기여한 공로를 높이 평가했다고 밝혔어요. 두 사람의 연구는 이미 우리 삶에 큰 혜택을 주고 있으며, 새로운 물질을 개발하는 것처럼 다양한 분야에서 인공신경망을 사용하고 있다는 의미입니다.

● 인공신경망을 이용한 기계학습의 근간

홉필드 교수는 '홉필드 네트워크'를 제안하면서 인공신경망 연구의 초석을 다졌다는 평가를 받았고, 힌턴 교수는 홉필드 네트워크를 학습할 수 있는 알고리즘을 개발해 현대 생성형 AI의 토대를 쌓았다는 평가를 받았습니다. 두 사람의 AI 연구에는 물리학 원리가 놓여 있습니다. 홉필드 교수가 개발한 네트워크는 물리학에서 원자의 스핀(각 원자를 작은 자석으로 만드는 속성) 때문에 물질의 특성이 전이하는 특성을 활용했고, 힌턴 교수는 통계물리학을 활용해 기계를 학습시키는 '볼츠만 머신'을 개발했습니다.

두 사람은 1980년대 인공신경망 연구에 기여하기 시작했습니다. 당시에는 컴퓨터의 연산 능력 등 관련 기술이 모자라 신경망 학습이 실용화 단계로 넘어가기 힘들었습니다. 하지만 이에 굴하지 않고 인공

◎ 여러 개의 노드(인공뉴런)로 구성된 인공신경망을 표현한 그림. © Johan Jarnestad/The Royal Swedish Academy of Sciences

신경망 연구는 이어져 왔습니다. 덕분에 두 사람의 연구성과는 2010년 연산 성능과 대규모 데이터 처리기술이 발전함에 따라 딥러닝에서 생성형 AI까지 다방면에 활용되고 있습니다.

● 홉필드, 연상 기억과 원자 스핀에 주목해

건물, 특히 한옥에서 지붕 밑 부분에 있으며, 혀처럼 지붕 바깥으로 삐죽 내민 긴 각재 부분이 기둥 밖으로 나온 부분을 뜻하는 단어처럼 특이한 단어를 기억하려 한다고 상상해 보세요. 기억을 더듬어야 합니다. 치마인가? 아마도 첨하…? 아, 바로 처마네요.

비슷한 단어를 검색해 올바른 단어를 찾는 이 과정은 존 홉필드 교수가 1982년에 발견한 '연상 기억'을 연상시킵니다. 홉필드 네트워

뉴런과 인공뉴런

뉴런

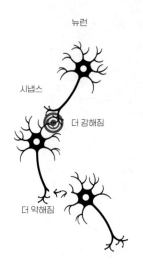

뇌의 신경망은 살아 있는 세포, 즉 뉴런과 발달한 내부기관으로 구성된다. 뉴런은 시냅스를 통해 서로 신호를 보낼 수 있다. 우리가 사물을 학습할 때 일부 뉴런 사이의 연결은 강해지는 반면, 다른 뉴런 사이의 연결은 약해진다.

시냅스

더 강해짐

더 약해짐

노드

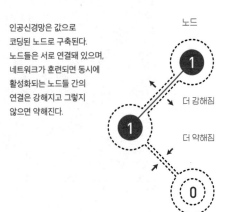

인공신경망은 값으로 코딩된 노드로 구축된다. 노드들은 서로 연결돼 있으며, 네트워크가 훈련되면 동시에 활성화되는 노드들 간의 연결은 강해지고 그렇지 않으면 약해진다.

더 강해짐

더 약해짐

크는 패턴을 저장할 수 있고 이를 재현하는 방법이 있습니다. 네트워크에 불완전하거나 약간 왜곡된 패턴이 주어진다면, 이 방법으로 저장된 패턴 중에서 가장 유사한 것을 찾을 수 있습니다. 뭔가 부족한 이미지를 보여줘도 이미지의 주인공을 바르게 인식하는 인간 뇌의 작동 방식을 구현한 셈이죠.

과거에 홉필드 교수는 분자생물학의 이론적 문제를 탐구하기 위해 물리학의 배경지식을 활용했습니다. 그는 신경과학에 대한 한 학회에 초대받았을 때 뇌 구조에 관한 연구를 접하게 됐는데요, 자신이 알게 된 내용에 매료됐고 단순한 신경망에 대한 역학을 생각하기 시작했습니다. 뉴런이 함께 작동하면, 네트워크의 개별 구성 요소만 보는 경우 분명하지 않은 새롭고 강력한 특성이 생길 수 있습니다.

1980년 홉필드 교수는 자신의 연구 관심이 물리학 동료들이 일했던 영역 밖으로 나가면서 프린스턴대를 떠나 미 대륙을 가로질러 캘리포니아 남부 패서디나로 옮겨갔습니다. 즉 캘리포니아공대(칼텍)의 화학 및 생물학 교수직 제안을 수락했던 것입니다. 그곳에서 컴퓨터 자원을 활용해 자유롭게 실험하고 신경망에 대한 아이디어를 개발했습니다.

하지만 그는 물리학에 대한 기초를 버리지 않았으며, 함께 작동하는 많은 작은 구성 요소를 가진 시스템이 새롭고 흥미로운 현상을 어떻게 일으킬 수 있는지 이해하는 데 영감을 얻었습니다. 특히 원자 스핀(각 원자를 작은 자석으로 만드는 특성)으로 인해 특별한 특성을 갖는 자성 물질로부터 많은 도움을 받았습니다. 홉필드 교수는 스핀이 이웃한 원자에 서로 영향을 주고받는 것에 착안해 '홉필드 네트워크'를 구상했습니다. 생물학을 연구하면서 뉴런 기능을 수학적 구조로 풀어내는 연구를 하게 된 그는 정보가 한 방향으로 흐르는 것(선형 구조)이 아니라 피드백 루프를 포함하는 비선형 구조로 흐르는 신경망을 구성해 홉필드 네트워크를 1982년 논문으로 발표했습니다. 홉필드 네트워크는 인공신경망의 하나인 순환 신경망(RNN)의 초기 모델이라는 평가를 받습니다.

홉필드 네트워크는 간단히 말해 패턴을 효율적으로 기억하고 다루는 방법입니다. 다양한 방식의 패턴을 기억하고 새로운 데이터가 등장했을 때 기존에 학습된 기억을 바탕으로 이것이 어떤 패턴에 가까운지 추정하는 데 효과적입니다. 특히 홉필드 네트워크는 노이즈가 포함돼 있거나 부분적으로 지워진 데이터를 다시 생성하는 데 이용할 수 있습니다. 이는 현재 생성형 AI 시대를 연 인공신경망 기술의 토대가 됐습니다.

● '홉필드 네트워크' 들여다보기

이제 홉필드 네트워크를 좀 더 자세히 들여다보겠습니다. 원자에서 각각의 스핀은 0과 1 두 가지 상태만 가질 수 있습니다. 뉴런의 전위가 임계치를 넘은 상태를 1, 넘지 못한 상태를 0이라고 하면, 뉴런을 스핀으로 나타낼 수 있습니다. 뇌에서는 수많은 뉴런이 상호작용하는데요, 인접한 원자의 스핀도 서로 영향을 미칩니다. 홉필드 교수는 뉴런 또는 노드를 스핀이라고 생각하고 스핀이 서로 영향을 미칠 때 물질이 어떻게 발전하는지 설명하는 물리학을 이용해 노드와 연결로 모델 네트워크를 만들 수 있었습니다. 바로 홉필드 네트워크입니다. 홉필드 네트워크에는 서로 다른 강도의 연결을 통해 결합된 노드들이 있습니다. 각 노드는 개별 값을 저장할 수 있는데요, 흑백 사진의 픽셀처럼 0 또는 1이 될 수 있습니다.

그는 더 나아가 노드들의 집단, 즉 인공신경망에 스핀의 물리학을 적용했습니다. 물리학에서 발견되는 스핀 시스템의 에너지에 대응하는 속성으로 네트워크의 전체 상태를 설명한 것입니다. 에너지는 노드의 모든 값과 노드 간 연결의 모든 강도를 사용하는 공식을 통해 계산됩니다. 홉필드 네트워크는 검은색(0) 또는 흰색(1)의 값이 지정된 노드들에 투입되는 이미지에 의해 진행됩니다. 그러면 네트워크 연결들은 저장된 이미지가 낮은 에너지를 갖도록 에너지 공식을 통해 조정됩니다.

네트워크에 다른 패턴이 입력되면 노드를 하나씩 거치면서 해당 노드의 값이 바뀌면 네트워크의 에너지가 낮아지는지 확인하는 규칙이 있습니다. 검은색 픽셀이 흰색이 될 때 에너지가 감소하는 것이 드러나면 색상이 변합니다. 이 과정은 더 이상 개선할 필요가 없을 때까

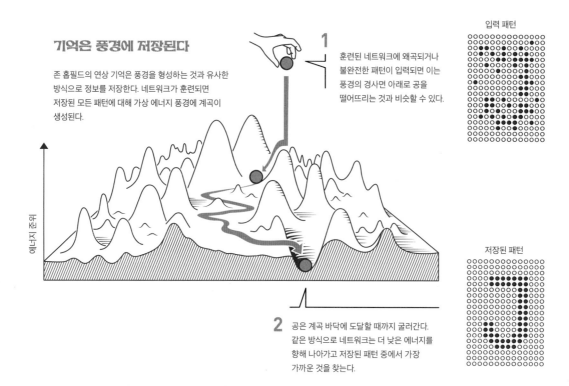

기억은 풍경에 저장된다

존 홉필드의 연상 기억은 풍경을 형성하는 것과 유사한
방식으로 정보를 저장한다. 네트워크가 훈련되면
저장된 모든 패턴에 대해 가상 에너지 풍경에 계곡이
생성된다.

에너지 준위

1
훈련된 네트워크에 왜곡되거나
불완전한 패턴이 입력되면 이는
풍경의 경사면 아래로 공을
떨어뜨리는 것과 비슷할 수 있다.

입력 패턴

2 공은 계곡 바닥에 도달할 때까지 굴러간다.
같은 방식으로 네트워크는 더 낮은 에너지를
향해 나아가고 저장된 패턴 중에서 가장
가까운 것을 찾는다.

저장된 패턴

© Johan Jarnestad/The Royal Swedish Academy of Sciences

지 계속됩니다. 결국 네트워크는 훈련에 사용된 원본 이미지를 재현
하는 경우가 많습니다. 특히 홉필드의 방식은 여러 장의 사진을 동시
에 저장할 수 있고, 대개 네트워크에서 이것들을 구별할 수 있기에 특
별합니다.

홉필드 교수는 네트워크에서 저장된 상태를 검색하는 것을 마찰
이 있어 움직임이 느려지는, 봉우리와 계곡이 있는 지형으로 공을 굴
리는 것에 비유했습니다. 만일 공이 특정 위치에 떨어지면 가장 가까
운 계곡으로 굴러 들어가 거기에 멈춥니다. 네트워크는 저장된 패턴

가운데 하나에 가까운 패턴이 주어지면, 같은 방식으로 에너지 지형의 계곡 바닥에 도달할 때까지 계속 움직여서, 자신의 메모리에서 가장 가까운 패턴을 찾아냅니다.

홉필드 교수를 비롯한 여러 연구자는 홉필드 네트워크가 어떻게 작동하는지에 대한 세부 사항을 계속해서 개발해 왔습니다. 예를 들어 노드들이 단지 0이나 1이 아니라 어떤 값이라도 저장할 수 있도록 했습니다. 노드를 그림 속의 픽셀로 생각한다면, 검은색이나 흰색뿐만 아니라 다양한 색을 가질 수 있다는 뜻입니다. 향상된 방법을 통해 더 많은 사진을 저장하고 매우 유사하더라도 사진을 구별할 수 있게 됐습니다. 또 많은 데이터 포인트(데이터 안에서 규명할 수 있는 요소)로 구축된 정보라면 어떤 정보라도 식별하거나 재구성하는 것이 가능해졌습니다.

● 힌턴, 통계물리학으로 '볼츠만 머신' 발명해

이미지를 기억하는 일도 중요하지만, 이미지가 묘사하는 것을 해석하는 일도 필요합니다. 어린이도 다양한 동물을 가리키면서 그것이 개인지, 고양이인지 자신 있게 말할 수 있습니다. 종이나 포유류와 같은 개념에 대한 다이어그램이나 설명을 보지 않고도 가능합니다. 각 유형의 동물에 대한 몇 가지 예를 접한 뒤에는 다양한 범주가 어린이의 머릿속에 자리 잡기 때문이죠. 사람은 주변 환경을 경험함으로써 개를 알아보고 단어를 이해하고 방에 들어가서 뭔가 변한 것을 알아차립니다.

홉필드 교수가 연상 기억에 대한 논문을 발표했을 때 제프리 힌턴 교수는 미국 피츠버그에 있는 카네기멜론대에서 일하고 있었습니다.

그는 이전에 영국과 스코틀랜드에서 실험심리학과 AI에 대해 연구했습니다. 특히 기계가 인간과 유사한 방식으로 패턴을 처리하는 방법을 학습해 정보를 분류하고 해석하기 위한 자체 범주를 찾을 수 있는지 궁금해했습니다. 힌턴 교수는 동료인 신경과학자 테렌스 세즈노프스키 교수와 함께 홉필드 네트워크를 확장하는 과정에서 통계물리학의 아이디어를 이용해 새로운 것을 구축했습니다.

통계물리학은 기체 분자처럼 많은 유사한 요소로 구성된 시스템을 설명하는 학문 분야입니다. 기체 속 개별 분자를 모두 추적하는 것은 매우 어렵거나 불가능하지만, 압력이나 온도처럼 기체의 중요한 특성을 결정하기 위해 이들 분자를 전체적으로 고려하는 것은 가능합니다. 기체 분자가 개개의 속도로 전체 부피를 통해 확산되고 그 결과 여전히 같은 집합적 특성이 나타나는 방법은 여러 가지가 있습니다.

개별 구성 요소가 함께 존재할 수 있는 상태를 통계물리학으로 분석하고, 이것이 발생할 확률을 계산합니다. 일부 상태는 다른 상태보다 일어날 가능성이 더 높습니다. 이는 19세기 오스트리아 출신 물리학자 루트비히 볼츠만이 제시한 방정식으로 설명되는, 사용 가능한 에너지의 양에 따라 달라집니다. 힌턴 교수가 구축한 네트워크는 이 방정식을 활용했으며, 이 방법은 1985년 '볼츠만 머신'이라는 눈에 띄는 이름으로 공개됐습니다. 즉 힌턴 교수는 세즈노스키 교수와 함께 홉필드 네트워크를 기반으로 볼츠만 확률분포를 적용해 개선한 확률적 순환 신경망인 '볼츠만 머신'을 발명했습니다. 볼츠만 머신은 기존의 단층 신경망과 달리 은닉층을 포함한 다층 신경망 모델로 제안됐습니다.

● 볼츠만 머신은 생성형 AI의 초기 모델

볼츠만 머신은 보통 두 가지 다른 유형의 노드와 함께 사용됩니다. 정보는 가시적 노드라 불리는 하나의 그룹(입력층)에 주어지며, 다른 노드는 은닉층을 형성합니다. 은닉층 노드의 값과 연결은 네트워크 전체 에너지에도 기여합니다. 볼츠만 머신은 한 번에 하나씩 노드 값을 업데이트하는 규칙으로 실행됩니다. 결국 노드의 패턴이 바뀔 수 있는 상태에 들어가지만, 네트워크 전체의 속성은 동일하게 유지됩니다. 그러면 각각의 가능한 패턴은 볼츠만 방정식에 따라 네트워크의 에너지에 의해 결정되는 특정 확률을 갖게 됩니다. 볼츠만 머신이 멈추면 새로운 패턴이 생성되는데요, 이로써 볼츠만 머신은 생성형 AI 모델의 초기 사례가 됩니다.

특히 볼츠만 머신은 지침이 아니라 예제를 통해 학습할 수 있습니다. 훈련 시에 가시적 노드에 주어진 예제 패턴이, 볼츠만 머신이 실행될 때 발생할 가능성이 가장 큰 확률을 갖도록 네트워크 연결 값을 업데이트하여 훈련됩니다. 이 훈련 중에 동일한 패턴이 여러 번 반복되면 이 패턴이 나타날 확률은 더 높아집니다. 또한 훈련은 볼츠만 머신이 훈련받은 예를 닮은 새로운 패턴을 내놓을 확률에도 영향을 미칩니다.

훈련된 볼츠만 머신은 이전에 보지 못한 정보에서 친숙한 특성을 인식할 수 있습니다. 친구의 형제자매를 만나는 상황을 상상해 본다면, 그들이 친척임에 틀림없다는 것을 즉시 알 수 있을 겁니다. 유사한 방식으로 볼츠만 머신은 특정 사례가 훈련 자료에서 발견한 카테고리에 속하는 경우 완전히 새로운 사례로 인식하고 다른 자료와 구별할 수 있습니다.

다른 유형의 인공신경망

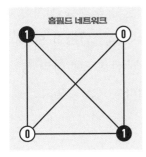

홉필드 네트워크

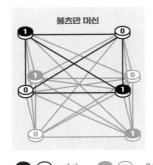

볼츠만 머신

가시 노드   은닉 노드

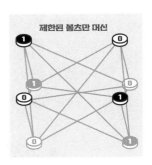

제한된 볼츠만 머신

존 홉필드의 연상 기억은 모든 노드가 서로 연결되도록 형성됐다. 정보는 모든 노드에서 입력되고 판독된다.

제프리 힌턴의 볼츠만 머신은 종종 2개의 층으로 구성되며, 여기서 정보는 가시 노드의 층을 이용해 입력되고 판독된다. 이것들은 은닉 노드에 연결되어 있으며, 이는 네트워크 전체가 작동하는 방식에 영향을 미친다.

제한된 볼츠만 머신에서는 동일한 층의 노드 간에 연결이 없다. 머신들은 연쇄적으로 잇달아 사용되는 경우가 많다. 첫 번째 제한된 볼츠만 머신을 훈련한 뒤 은닉 노드의 내용은 다음 머신을 훈련하는 데 사용되는 식이다.

© Johan Jarnestad/The Royal Swedish Academy of Sciences

　　원래 형태의 볼츠만 머신은 상당히 비효율적이고, 해결책을 찾는 데 많은 시간이 걸렸습니다. 하지만 힌턴 교수가 계속 탐구해 온 다양한 방식으로 개발되기 시작하면서 상황이 더 흥미로워졌습니다. 최신 버전의 볼츠만 머신은 일부 유닛 간의 연결이 없어지며 가벼워져 더 효율적으로 바뀌었습니다.

　　1990년대 많은 연구자가 인공신경망에 대한 흥미를 잃었지만, 힌턴 교수는 이 분야에서 계속 연구한 사람 중 하나였습니다. 그는 또한 흥미로운 결과가 폭발적으로 증가하기 시작하는 데 도움을 주었습니다. 2006년엔 동료인 시몬 오신데로, 이웨이 테, 루슬란 살라후티노프와 함께 볼츠만 머신을 층층이 쌓아 네트워크를 사전 훈련하는 방법을 개발했습니다. 이 사전 훈련은 네트워크의 연결에 더 나은 시작점을 제공했는데요, 이는 그림 속 요소를 인식하도록 훈련을 최적화하는 데 기여했습니다. 현재 볼츠만 머신은 대규모 네트워크의 일부로 사용되는 경우가 많습니다. 예를 들어 시청자의 선호도에 따라 영화나 TV 시리즈를 추천하는 데 활용할 수 있습니다.

● 기계학습의 응용 사례

1980년대 이후 존 홉필드와 제프리 힌턴의 연구 덕분에 2010년경 기계학습 혁명이 시작될 수 있었습니다. 현재 네트워크 훈련에 방대한 양의 데이터를 사용할 수 있으며 컴퓨터 성능이 엄청나게 좋아지면서 AI 분야의 발전이 가능해졌습니다. 오늘날의 인공신경망은 여러 층으로 이뤄진 경우가 많은데, 이를 심층 신경망이라고 합니다. 심층 신경망의 훈련 방식은 딥러닝이라고 합니다.

1982년 홉필드 교수가 발표한, 연상 기억에 관한 논문을 살펴보면, 이런 발전에 대한 시사점을 얻을 수 있습니다. 여기서 홉필드 교수는 30개의 노드가 있는 네트워크를 사용했는데요, 모든 노드가 서로 연결되면 435개의 연결이 있어 전체적으로 추적해야 할 매개변수는 500개 미만입니다. 그는 또한 100개의 노드가 있는 네트워크도 시도했지만, 당시 컴퓨터 관점에서 이는 너무 복잡했습니다. 이것은 1조 개 이상의 매개변수

○ 홉필드 교수가 1982년 발표한 논문 「창발적 집단 계산 능력을 가진 신경망과 물리 시스템」 © PNAS

를 포함할 수 있는 네트워크로 구축된 오늘날의 대규모 언어 모델과 비교할 수 있습니다.

현재 많은 연구자가 기계학습의 응용 분야를 개발하고 있습니다. 그동안 기계학습은 물리학 분야에도 기여해 왔습니다. 예를 들어 힉스 입자를 발견하는 데 필요한 방대한 양의 데이터를 선별하고 처리하거나, 블랙홀 충돌로 인한 중력파 측정 시 노이즈를 감소시키거나 외계행성을 탐색할 때 활용됐습니다. 최근 기계학습은 기능을 결정하는 단백질 분자의 구조를 계산하거나, 어떤 새로운 재료가 더 효율적인 태양전지로 사용하기 가장 좋은 특성을 가질 수 있는지 등을 알아낼 수 있도록 분자와 재료의 특성을 계산하고 예측하는 데 사용하기 시작했습니다.

제프리 힌턴의 제자들

2024년 노벨 물리학상 수상자 중 제프리 힌턴 교수는 AI 업계의 대부라 할 수 있습니다. 그가 배출한 제자들이 AI 업계 최전선에서 기술 발전을 주도하고 있기 때문이죠. 얀 르쿤 메타 수석 AI 과학자, 오픈AI 공동 창업자인 일리야 수츠케버, 애플의 AI 연구 책임자로 일한 루슬란 살라후티노프, 딥마인드의 알렉스 그레이브스 등이 대표적인 인물입니다. 이들에 대해 좀 더 자세히 소개해볼게요.

● 얀 르쿤은 딥러닝 연구에 대한 공로로 2018년 튜링상을 수상하기도 했다.

먼저 얀 르쿤은 제프리 힌턴, 요슈아 벤지오, 앤드류 응과 함께 'AI 4대 천황'으로 불리는 대가랍니다. 르쿤은 2018년 딥러닝에 대한 연구 업적으로 제프리 힌턴, 요슈아 벤지오와 함께 '컴퓨터과학 분야의 노벨상'이라고도 불리는 '튜링상'도 수상한 석학이죠.

1960년 프랑스의 작은 도시 소-쉬르-세느에서 태어난 르쿤은 엔지니어 아버지의 영향으로 어릴 때부터 호기심이 많아 기계를 분해하고 조립하는 것을 좋아했고 수학 문제를 푸는 데 놀라운 재능을 보였다고 해요. 고등학생 때 처음 프로그래밍을 접했으며, 파리 전기전자공학대학에 입학한 뒤 인공신경망 '퍼셉트론'을 다룬 책을 읽고 AI에 관한 관심이 높아졌답니다. 1987년 피에르 에 마리 퀴리대(현 소르본대)에서 '자율학습 다층 신경망 모델'이란 주제로 컴퓨터과학 박사학위를 받은 뒤, 캐나다 토론토대로 가서 박사후과정(포스닥)을 밟으며 제프리 힌턴 교수의 지도를 받았어요. 힌턴 교수와의 만남 덕분에 르쿤은 AT&T벨연구소에서 박사후연구원으로 일하면서 혁신적인 딥러닝 모델인 '합성곱 신경망(CNN)'을 개발하게 됐답니다. 당시 CNN을 활용해 우편번호 인식 시스템을 개발했는데, 이 시스템은 실제 미국 우편 서비스에 도입됐고, CNN을 이용한 기술은 수표를 인식하는 데도 활용됐다고 해요. 르쿤은 딥러닝 기술이 실용화되는 데 크게 기여한 셈이죠.

2003년 르쿤은 뉴욕대(NYU) 컴퓨터과학과 교수로 부임했고, CNN 연구에 열정적으로 매진했답니다. 그의 연구는 2010년대 초에 시작된 딥러닝 혁명의 토대를 구축하는 데 큰 역할을 했어요. CNN 기술은 이미지 인식, 객체 탐지 등 여러 분야에서 획기적인 성과를 거두었죠. 당시 대형 기업들은 AI 연구의 중요성을 알아채고 AI 연구자 영입에 뛰어들었는데, 2013년 초 페이스북(현 메타)의 창업자 마크 저커버그는 르쿤에게 세계 최고 수준의 인공지능연구소를 설립하고 이끌어달라고 요청했답니다. 이 제안을 받아들인 르쿤은 그해 12월 페이스북 인공지능연구소(FAIR)의 초대 소장에 취임했어요. 그는 "우리는 지식을 독점하는 것이 아니라 함께 성장하는 것을 목표로 한다. AI 발전은 한 기업만의 힘으로 이룰 수 없다"고 말하면서 자신들의 연구 결과를 공개하고 학계와 적극 교류하는 개방형 연구 모델을 고집했습니다. FAIR는 르쿤의 리더십 아래 딥러닝 연구를 이끌며 컴퓨터 비전, 자연어 처리, 로봇공학 등 여러 분야에서 놀라운 성과를 내놓았어요. 르쿤은 학계와 산업계를 오가며 AI 연구의 최전선에서 활약했고요.

최근 생성형 AI 열풍을 일으킨 챗GPT를 개발해 공개한 오픈AI를 공동으로 창립한 창업자 중 하나인 일리야 수츠케버도 제프리 힌턴 교수의 수제자랍니다. 러시아 북서부에

○ 일리야 수츠케버. 그가 세운 SSI는 현재 10억
달러 이상의 펀딩을 유치한 것으로 알려졌다.

있는 니즈니노브고로드의 유대인 가정에서 태어난 수츠케버는 옛소련이 붕괴된 뒤 이스라엘 예루살렘에서 살았고 이스라엘개방대학을 다니다가 캐나다로 이민을 가면서 토론토대로 편입했어요. 토론토대에서 수학 학사, 컴퓨터과학 석사와 박사 학위를 받았는데, 그의 박사과정 지도 교수가 바로 제프리 힌턴 교수였죠.

2012년 수츠케버는 힌턴 교수가 설립한 회사 'DNN리서치'에 합류했고, 구글이 이 회사를 인수하자 딥러닝 AI 연구팀 '구글브레인'의 연구과학자로 일했답니다. 당시 바둑 AI '알파고'에 대한 논문의 공동 저자로도 참여했어요. 2015년 말엔 구글을 떠나 오픈AI를 새로 설립하며 공동 창립자이자 수석과학자를 맡았는데, 수츠케버는 챗GPT 개발에서 핵심적 역할을 한 것으로 여겨집니다. 그는 오픈AI를 통제하는 비영리단체의 이사회 멤버 여섯 명 중 하나로서 2023년 샘 올트만 오픈AI CEO를 해고하는 데 가담하기도 했답니다. 당시 일에 대해 힌턴 교수는 오픈AI는 안전성을 중요하게 생각하며 인류에게 안전한 일반 AI를 개발하는 것을 핵심 목표로 삼아 설립됐다면서 제자 중 한 명인 일리야 수츠케버가 안전성보다 이익에 더 관심이 많은 샘 올트만을 해고한 것을 자랑스럽게 생각한다고 밝힌 바 있어요. 수츠케버는 2024년 5월 오픈AI를 떠났고, 6월 안전하고 강력한 일반 AI를 만들 생각으로 AI 스타트업 '세이프 슈퍼인텔리전스(SSI)'를 설립했답니다.

힌턴 교수의 또 다른 제자인 루슬란 살라후티노프는 학계와 산업계를 오가며 활약해온 AI 전문가랍니다. 1980년경에 태어난 살라후티노프는 타타르(유라시아에 거주하는 튀르크계 민족) 출신으로 토론토대에서 힌턴 교수의 지도를 받으며 심층 신경망과 생성 모델을 결합한 '심층 생성 모델(deep generative models)'에 관한 주제로 박사학위를 받았어요. 이후 MIT에서 박사후연구원으로 일했고, 2011년부터 2016년까지 토론토대에서 조교수로 재직했는데, 이 시기에 딥러닝과 확률 모델에 중점을 두고 연구했으며 현대 AI 시스템의 토대를 마련했어요. 2016년 2월엔 카네기멜론대로 옮겨 머신러닝학과에서 컴퓨터과학 분야의 피츠버그대 의료센터(UMPC) 교수직을 맡아 현재까지 카네기멜론대의 AI 연구를 책임지며 딥러닝, 강화학습, AI 시스템 등을 중점으로 연구해 왔죠. 살라후티노프는 2015년 공동 설립한 AI 벤처 '퍼셉추얼 머신즈(Perceptual Machines)'가 2016년 애플에 인수되면서 그해 11월부터 2020년 1월까지는 애플의 AI연구 책임자로 일했는데, 애플에서 머신러닝 연구와 주요 AI 계획을 이끌며 회사의 AI 역량을 높이는 데 기여했답니다. 또 2024년 6월엔 메타의 생성형 AI 연구 부사장으로 취임해 멀티모달 대형언어모델(LLM) 및 AI 에이전트 개발에 주력하고 있다.

끝으로 알렉스 그레이브스는 영국 에든버러대에서 이론물리학 학사 학위를 받았고, 독일 뮌헨공대에 입학한 뒤 달레 몰레 인공지능연구소에서 '현대 인공지능의 아버지'라고도 불리는 위르겐 슈미트후버의 지도를 받아 AI 분야의 박사학위를 받았답니다. 이후 그레이브스는 토론토대에서 박사후연구원을 하며 힌턴 교수를 만나 지도를 받았고, 구글의 자회사 역할을 하는 인공지능연구소이자 바둑 AI '알파고'를 개발한 것으로 유명한 딥마인드의 연구과학자로 활약해 왔어요. 특히 그는 필기 인식, 음성 인식, 순환 신경망 등에 관련된 AI 연구를 해 왔죠. 2016년엔 딥마인드에서 정보를 메모리에 저장한 뒤 이 정보를 통해 관련 분야의 문제를 해결할 수 있는 '미분 가능 신경 컴퓨터(DNC)' 알고리즘도 개발했는데, 인간의 뇌를 흉내낸 새로운 신경망을 훈련시켜 런던의 지하철망에서 이동 가능한 경로를 가급적 빨리 찾게 하는 데 성공했답니다.

Nobel Prize in Chemistry 2024

2024년
노벨
화학상

---✳︎---

David Baker(데이비드 베이커)
Demis Hassabis(데미스 허사비스)
John M. Jumper(존 M. 점퍼)

2024년 노벨 화학상, 수상자 세 명을 소개합니다!
- 데이비드 베이커, 데미스 허사비스, 존 M. 점퍼

2024년 노벨 화학상은 단백질 구조와 설계 분야에서 혁신적인 성과를 이룬 데이비드 베이커, 데미스 허사비스, 존 점퍼에게 돌아갔습니다. 이들은 컴퓨터와 AI를 활용해 단백질 구조를 이해하고 새로운 단백질을 설계하는 데 획기적인 도약을 이루며, 생명과학을 넘어 의학과 환경 등 다양한 분야에서 새로운 가능성을 열었습니다.

미국 워싱턴대 생화학과 교수로 재직 중인 데이비드 베이커는 과학자들 사이에서도 매우 도전적이라 여겨지던 작업을 해냈습니다. 바로 기존에 없는 새로운 단백질을 설계하는 방법을 개발한 것이지요. 2003년 그의 연구팀은 전혀 다른 구조와 기능을 가진 단백질 설계에 성공했고, 이후 의약품, 백신, 나노 소재, 소형 센서 등 다양한 응용 가능성을 제시하며 단백질 설계 연구를 한 단계 발전시켰습니다.

> "
> ## 계산 단백질 설계를 위해 그리고
> ## 단백질 구조 예측을 위해
> "

데이비드 베이커

- 1962년 미국 워싱턴주 시애틀 출생
- 1984년 미국 하버드대 생물학 학사 취득
- 1989년 미국 캘리포니아대 버클리에서 생화학 박사 취득
- 1993년 미국 워싱턴대 생화학과 교수로 재직
- 2000년 하워드 휴즈 의학연구소(Howard Hughes Medical Institute) 재직
- 2022년 BBVA 재단 프론티어 지식상 수상

데미스 허사비스

- 1976년 영국 런던 출생
- 1997년 영국 케임브리지대 컴퓨터과학 학사 취득
- 2009년 영국 유니버시티 칼리지 런던(UCL)에서 인지 신경과학 박사 취득
- 2010년 딥마인드 설립
- 2018년 CBE(Commander of the Order of the British Empire) 수상

존 M. 점퍼

- 1985년 미국 아칸소주 리틀록 출생
- 2007년 미국 밴더빌트대 물리학 및 수학 학사 취득
- 2009년 미국 케임브리지대 이론 응집물질물리학 석사 취득
- 2014년 미국 시카고대 이론화학 석사 및 박사 학위 취득
- 2015년 딥마인드 입사
- 2023년 생명과학 분야 혁신상(Breakthrough Prize) 수상

구글 딥마인드의 허사비스 CEO와 점퍼 이사는 단백질 구조 예측에서 놀라운 진전을 이루었습니다. 이들이 개발한 알파폴드(AlphaFold)는 아미노산 서열만으로도 단백질의 3차원(3D) 구조를 높은 정확도로 예측하며, 단백질 구조 예측의 난제를 해결했지요. 2020년에 발표된 알파폴드2는 현재까지 2억 개 이상의 단백질 구조를 예측하며, 전 세계 190개국에서 200만 명 이상의 연구자들이 활용하는 생명과학의 새로운 도구로 자리 잡았습니다.

단백질은 긴 아미노산 사슬이 접히고 꼬이면서 독특한 3D 구조를 형성는데, 이 구조는 단백질의 기능을 결정짓는 핵심 요소입니다. 그러나 아미노산 서열만으로 단백질의 3D 구조를 예측하는 것은 오랫동안 생명과학에서 해결하기 어려운 과제로 여겨져 왔지요. 2024년 노벨 화학상 수상자들의 연구는 이 난제를 해결하며 단백질 구조를 정확히 예측하고, 새로운 단백질을 설계하는 길을 열었습니다. 이를 통해 혁신적인 치료법과 의약품 개발이 가능해졌을 뿐만 아니라, 플라스틱 분해 효소와 같은 환경 문제 해결에도 크게 기여할 수 있게 되었습니다.

몸풀기! 사전지식 깨치기

단백질 하면 무엇이 떠오르나요? 보통 프로틴 보충제나 육즙 가득한 고기를 떠올리기 쉬울 겁니다. 우리가 먹는 음식에는 다양한 종류의 단백질이 포함되어 있지요. 쌀과 밀과 같은 곡식에는 탄수화물이 많고 단백질 함량은 낮은 반면, 고기나 콩은 단백질 함량이 더 높습니다. 많은 사람들이 단백질을 근육을 만드는 영양소로만 생각하지만, 실제로 단백질은 우리 몸의 거의 모든 생명 활동에 필수적인 역할을 합니다.

● 프로틴과 스테이크만 단백질일까?

인체에는 약 2만 개의 다양한 단백질이 존재하며, 모든 세포는 단백질을 포함하고 있습니다. 이들은 근육을 만드는 것뿐 아니라, 신체 조직과 기관의 구조를 유지하고 다양한 기능을 수행하며 신체의 각종 조절 작용에 필수적인 역할을 담당하지요. 우리가 보고 먹고 숨 쉬는 모든 과정에서 단백질이 핵심 역할을 한다고 해도 과언이 아닙니다. 생명 유지에 필요한 효소 반응, 영양소 운반과 저장, 세포 구조 형성, 면역 반응 등 다양한 화학적 과정이 바로 단백질 덕분에 가능하답니다.

예를 들어, 아밀레이스는 탄수화물을 소화하고, 헤모글로빈은 산소를 운반하며, 항체는 면역 반응에 중요한 역할을 합니다. 콜라겐은 피부와 뼈를, 케라틴은 머리카락과 손톱을 형성하여 신체 구조를 유지하는 데 기여하지요. 단백질은 생화학적 기능에서도 중요한 역할을 합니

○ 단백질 하면 쉽게 떠올리는 육류. 실제로 단백질은 우리 몸의 모든 생명 활동에 필수적인 역할을 한다. © Pixabay

다. 예를 들어, 펩신은 소화 과정에서 음식의 단백질을 분해하고, 생체시계 단백질은 세포 내에서 시간 정보를 조절해 신호 처리를 담당하지요.

● 아미노산 구슬이 사슬처럼 엮인 단백질

단백질 분자는 설탕이나 소금 분자보다 훨씬 크기가 큽니다. 그리고 여러 아미노산이 연결된 긴 사슬 형태로 이뤄져 있지요. 다양한 색깔의 구슬이 꿰어진 줄을 떠올려 보세요. 각 구슬은 탄소, 산소, 수소, 질소, 때로는 황 원자를 포함하는 작은 분자인 아미노산을 나타냅니다. 이렇게 연결된 긴 사슬이 바로 단백질 분자입니다. 단백질의 크기와 기능에 따라 아미노산의 개수는 매우 다양해서 수백 개에서 많게는 수천 개 연결되어 있지요.

중요한 것은 이 사슬의 아미노산 배열이 각 단백질의 고유한 형태와 기능을 결정한다는 것입니다. 단백질은 총 20가지의 아미노산 조

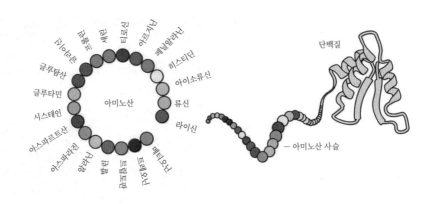

○ 단백질은 긴 끈으로 연결된 아미노산 서열로 구성되며, 각 서열은 단백질이 신체에서 기능을 수행하는 특정 3D 모양이나 구조로 접힌다. © 스웨덴 왕립 과학 아카데미

합으로 이루어지며, 아미노산이 어떻게 배열되느냐에 따라 단백질이 수행하는 역할이 달라지지요. 아미노산 배열과 이로 인해 형성되는 구조가 단백질의 기능에 중요한 영향을 미친다는 것입니다.

그렇다면 이러한 아미노산은 어디에서 오는 걸까요? 식물은 토양에서 영양소를 흡수하고, 광합성을 통해 공기 중의 이산화탄소로부터 탄수화물과 단백질을 합성하지요. 반면에 인간을 비롯한 동물은 필요한 아미노산의 절반 가량을 스스로 만들 수 있지만, 나머지는 외부에서 충당해야 합니다. 다른 동물이 만든 단백질을 음식으로 섭취하는 것이지요.

우리가 식사를 통해 섭취한 단백질은 소화되어 개별 아미노산으로 분해됩니다. 그리고 운반되어 세포 내부를 떠다니지요. 앞에서 설명했듯이 작은 구슬처럼요. 세포 내부에서 그것들을 연결하여 우리 몸에 필요한 단백질로 다시 만듭니다. 이러한 과정을 통해 우리 몸에 필요한 단백질을 만들고 생명 활동을 유지할 수 있게 합니다.

● 모양이 곧 기능을 결정하다

이처럼 단백질의 구조를 정의하는 것이 중요한 이유는, 구조가 단백질의 기능을 결정하기 때문입니다. 구조를 알면 단백질이 어떻게 작동하는지 이해할 수 있기 때문에, 수십 년 동안 과학자들은 단백질 구조를 파악하는 방법을 연구해 왔지요. 질병의 원인 파악과 새로운 치료법 개발과 관련한 중요한 단서를 얻기 위해서입니다.

아미노산들이 연결되면서 단백질이 만들어지는 과정은 마치 마법과도 같습니다. 아미노산이 펩타이드 결합을 통해 연결되어 긴 폴리펩타이드 사슬을 형성하는데 이는 단백질의 1차 구조입니다. 이 사

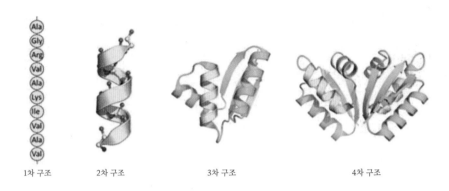

| 1차 구조 | 2차 구조 | 3차 구조 | 4차 구조 |

○ 단백질의 4단계 구조. © 스웨덴 왕립 과학 아카데미

슬은 수소 결합에 의해 안정화되어 알파 나선(α-helix)이나 베타 병풍(β -sheet) 같은 2차 구조를 형성합니다. 이어서 폴리펩타이드 사슬은 이온 결합, 소수성 상호작용, 이황화 결합 등에 의해 접히고 꼬여 3차 구조로 완성되지요. 효소나 수용체와 같은 단백질은 이 단계에서 고유한 기능을 수행합니다.

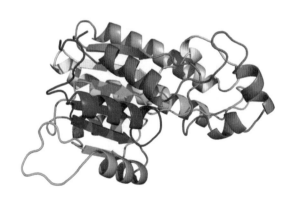

○ 리본다이어그램으로 나타낸 3D 구조 단백질의 한 모형.

© Wikimedia Commons

일부 단백질은 3차 구조만으로도 기능을 수행하지만, 경우에 따라 여러 개의 3차 구조가 모여 더 큰 복합체를 이뤄 4차 구조를 형성하기도 합니다. 예를 들어, 헤모글로빈은 네 개의 폴리펩타이드 사슬이 모여 하나의 기능적 단백질로 작용합니다. 이러한 과정을 통해 어떤 단백질은 근육, 깃털, 또는 뿔과 같은 신체 구조를 형성하는 데 사용되고, 또 다른 단백질은 호르몬, 항체, 효소, 또는 세포 표면을 구성해 생명 활동을 조율하는 역할을 합니다.

아미노산이 구슬처럼 연결된다고 설명했지만, 단백질 구조를 나타내는 그림에서는 고불고불하게 꼬인 리본 테이프처럼 보이는 모양을 볼 수 있습니다. 이는 꼬인 폴리펩타이드 사슬을 단순화하여 3D 구조를 쉽게 파악할 수 있도록 시각적으로 표현한 것이지요.

● 단백질 구조 연구의 미래

지금까지 단백질의 구조와 기능이 연구되면서 많은 비밀이 밝혀졌지만, 여전히 완전히 풀리지 않은 신비가 남아 있습니다. 아미노산 서열에 의해 단백질의 구조가 결정된다는 것은 알려져 있지만, 왜 단백질이 특정한 방식으로 빠르게 접히는지, 그리고 어떻게 올바른 구조를 찾는지에 대한 정확한 메커니즘은 여전히 과학자들이 풀어야 할 도전 과제입니다.

단백질의 구조를 이해하는 것은 우리 몸에서 일어나는 다양한 생명 현상의 원리와 조절 방식을 파악하는 데 필수적입니다. 단백질이 잘못된 구조로 형성되면 알츠하이머병, 낭포성 섬유증, 당뇨병과 같은 질병이 발생할 수 있지요. 따라서 질병의 원인을 규명하고 새로운 치료법을 개발하는 데 단백질 구조 연구가 큰 기반이 됩니다. 또 단백질의 구조적 특성을 활용하여 플라스틱 분해 효소나 생분해성 단백질 소재를 개발함으로써 환경 보호에도 기여할 수 있지요. 이처럼 단백질 구조 연구는 의학, 환경, 생명공학 등 다양한 응용 분야에서 중요한 영향을 미치고 있습니다.

본격! 수상자들의 업적
새로운 단백질 설계의 길을 열다

　지금까지 단백질의 구조를 이해하는 것이 왜 중요한지에 대해 살펴보았습니다. 그렇다면 단백질의 구조는 어떻게 알 수 있을까요? 이 질문에 대한 해답을 찾기 위해 수십 년간 수많은 과학자들이 연구를 이어 왔습니다. 단백질 구조를 밝혀 온 과학자들의 여정은 곧 노벨상의 역사이기도 합니다. 쉽게 해결되지 않던 이 문제에 전례없는 접근법으로 도전하여 성과를 이룬 이들이 바로 2024년 노벨 화학상 수상자들이지요.

● 1950년대 시작된 X선 결정학

　단백질은 19세기 초부터 과학자들에게 주목받은 생명의 핵심 요소입니다. 스웨덴 화학자 욘스 야코브 베르셀리우스는 단백질을 '가장 중요한'이라는 뜻의 그리스어에서 유래한 '프로틴(protein)'으로 명명하며 그 중요성을 강조했지요.

　그러나 단백질의 역할과 구조를 정밀히 연구할 수 있는 도구는 1950년대에 이르러서야 개발되었습니다. 당시 개발된 'X선 결정학'은 단백질 구조를 시각화하는 획기적인 방법이었습니다. 이 기술은 결정 상태의 단백질에 X선을 쬐어 산란된 빛의 패턴을 분석함으로써 3D 구조를 밝혀냈습니다.

　1950년대 후반, 영국의 생화학자 존 켄드루와 맥스 페루츠는 X선 결정학을 통해 근육의 산소 운반 단백질인 미오글로빈과 헤모글로빈의 구조를 성공적으로 분석하며 1962년 노벨 화학상을 수상했습니다. 하지만 단백질을 결정 상태로 만드는 어려움이 있었고, 크고 복잡한 단백질 구조의 연구에도 한계가 따랐지요. 이를 보완하기 위해 NMR(핵자기 공명), 크라이오 전자 현미경(Cryo-EM) 등 새로운 기술이 개발되었습니

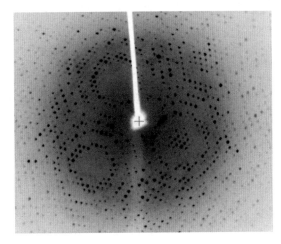

◎ X선 결정학을 통해 단백질을 분석한 회절 패턴 ⓒ 임페리얼칼리지 런던

다. 이를 통해 약 20만 개의 단백질 구조가 밝혀지며 단백질 연구가 비약적으로 발전했지요. 이러한 연구들은 단백질의 기능과 접힘 과정을 이해하는 데 중요한 토대를 마련하며, 2024년 노벨 화학상의 배경이 되었습니다.

● 레빈탈의 역설과 단백질 구조 예측의 난제

1972년에는 미국의 생화학자 크리스천 앤핀선이 중요한 발견을 합니다. 그는 단백질이 특정한 3D 구조로 접히는 방식이 오직 아미노산 서열에 의해 결정된다는 사실을 밝혀내어 노벨 화학상을 수상했답니다. 앤핀슨은 아미노산 서열이 단백질의 기능적 구조를 결정하는 핵심임을 보여주며, 단백질의 최종 입체 구조를 예측하는 데 필요한 것은 오직 서열 정보뿐이라는 가능성을 제시했지요.

하지만 1969년, 미국의 또 다른 분자생물학자 사이러스 레빈탈은

'레빈탈의 역설'을 제기합니다. 단백질이 모든 가능한 구조를 무작위로 탐색한다면 우주의 나이보다 오랜 시간이 걸릴 것이라는 지적이었지요. 실제로 단백질은 세포 내에서 몇 밀리초 만에 정확한 구조로 접히는데, 이는 아미노산 서열이 이미 접힘의 경로를 정해준다는 의미입니다. 이 연구는 아미노산 서열만으로도 단백질 3D 구조를 예측할 수 있는 가능성을 열어주었습니다.

단백질 구조 예측이 생화학의 주요 도전 과제로 떠오르면서, 이를 해결하기 위해 1994년 '단백질 구조 예측의 비판적 평가(Critical Assessment of protein Structure Prediction, CASP)' 프로젝트가 시작되었습니다. 2년마다 열리는 CASP는 전 세계 연구자들이 참여해 아미노산 서열을 기반으로 단백질 구조를 예측하는 과제를 수행하는 대회로, 일종의 단백질 올림픽이라 할 수 있지요. 특히 2024년 노벨 화학상 수상자들의 연구는 CASP를 통해 단백질 구조 예측에 놀라운 가능성을 열며 큰 주목을 받았습니다.

● 체스 신동이 도전한 단백질 올림픽

데미스 허사비스는 네 살에 체스를 배우고, 10대부터 성공한 게임 개발자로 자리잡으며 AI에 관심을 가지기 시작했습니다. 영국 케임브리지대에서 컴퓨터공학을 전공한 그는, 2010년 신경과학과 AI를 결합해 현실 문제를 해결하겠다는 목표로 딥마인드를 공동 설립했습니다. 딥마인드는 2014년 구글에 인수된 후 2016년 알파고(AlphaGo)를 선보여 전 세계적인 주목을 받았지요.

허사비스는 더욱 큰 도전을 위해 2018년 CASP 대회에 참가하며 단백질 구조 예측 문제로 관심을 돌렸습니다. 당시 연구자들이 예측

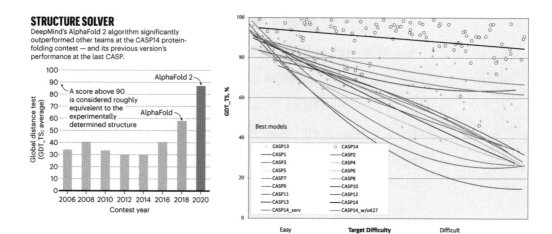

STRUCTURE SOLVER
DeepMind's AlphaFold 2 algorithm significantly outperformed other teams at the CASP14 protein-folding contest — and its previous version's performance at the last CASP.

○ 왼쪽 그래프를 보면, 2020년 CASP 대회에서 알파폴드2는 90점 이상의 높은 정확도를 기록했으며, 오른쪽 그래프에서도 같은 시기 알파폴드2가 뛰어난 성과(상단의 검은색 선)를 보여주며 단백질 구조 예측의 새로운 기준을 세웠음을 알 수 있다. © Nature © 옥스포드 단백질 정보학 그룹

한 단백질 구조의 정확도는 최대 40%에 불과했지요. 정확도를 높이기 위한 과정에서 진화적으로 유사한 단백질의 아미노산 서열에 숨겨진 패턴이 필요하다는 것이 밝혀졌습니다. 허사비스는 단백질 구조 데이터베이스와 진화 정보를 활용해 3D 구조를 예측하는 AI 모델, 알파폴드를 개발했고, 첫 해에 약 60%의 정확도를 달성하며 CASP 대회에서 승리했습니다.

그러나 과학계의 목표는 정확도를 90% 이상으로 높이는 것이었습니다. 허사비스의 팀에 존 점퍼가 합류해 결정적인 아이디어를 제시하며 알파폴드의 성능이 크게 향상되었지요. 이로 인해 알파폴드는 단백질 구조 예측 분야의 새로운 도구로 자리 잡으며 과학계에 큰 반향을 일으켰습니다.

● 창의성으로 풀어낸 존 점퍼의 생화학 도전

존 점퍼는 어린 시절부터 과학과 수학, 특히 우주와 물리학에 깊은 관심을 가졌습니다. 2008년에는 슈퍼컴퓨터로 단백질과 분자 역학을 시뮬레이션하면서 단백질 구조 연구에 흥미를 느껴 연구의 방향을 돌리게 되었지요. 2011년 이론 물리학 박사 과정 중 그는 단백질 시뮬레이션의 효율성을 높이는 방법을 고안하며 데이터 분석과 방법론 개발에서 두각을 나타냈습니다.

2017년 박사 학위를 마친 점퍼는 구글 딥마인드의 단백질 구조 예측 프로젝트에 합류하여 허사비스와 함께 알파폴드 모델을 혁신적으로 발전시켰습니다. 그의 단백질에 대한 깊은 이해와 창의적 접근 덕분에 알파폴드2는 아미노산 간의 상호작용 패턴을 분석하여 구조 예측의 정확도를 크게 높였지요.

허사비스와 점퍼의 연구팀은 2018년 첫 알파폴드 버전을 공개한 뒤, 2020년 CASP 대회에서 알파폴드2를 선보였습니다. 향상된 알파폴드2는 X선 결정학 수준의 높은 정확도를 기록하며 깊은 인상을 남겼지요. 단백질 구조 예측의 정확도를 기존 60%에서 90%로 대폭 향상시키며, 50년간 이어져 온 생화학의 난제를 해결하기에 이릅니다. 현재 알파폴드를 통해 예측된 단백질 구조는 2억 개를 넘어섰습니다. 이는 실험을 통해 축적된 약 20만 개의 구조 수를 크게 뛰어넘는 놀라운 수치입니다.

● 생화학 50년의 난제를 해결한 알파폴드2

그렇다면 알파폴드2는 어떤 과정을 통해 단백질 구조를 예측할까요? 먼저 알파폴드2에 분석할 단백질의 아미노산 서열 정보를 입력

합니다. 그러면 알파폴드2는 데이터베이스에서 유사한 단백질 서열과 구조를 검색하여 초기 접힘 패턴에 대한 힌트를 얻습니다.

다음으로, 알파폴드2는 다양한 생물 종에서 비슷한 서열을 찾아 분석합니다. 서로 다른 생물에서 공통 조상을 가진 단백질은 중요한 기능 부위가 변하지 않고 유지되지요. 이러한 원리를 통해 단백질의 주요 기능 부위를 파악하고 숨겨진 상호작용 패턴을 발견합니다.

이후, 알파폴드2는 트랜스포머 신경망을 활용하여 아미노산 간 상호작용과 거리 정보를 반복적으로 조정하여 예측의 정확성을 높입니다. 마지막 단계에서는 가상의 단백질 구조를 생성하고, 아미노산을 가장 적합한 위치에 배치하여 최적의 입체 구조를 형성합니다.

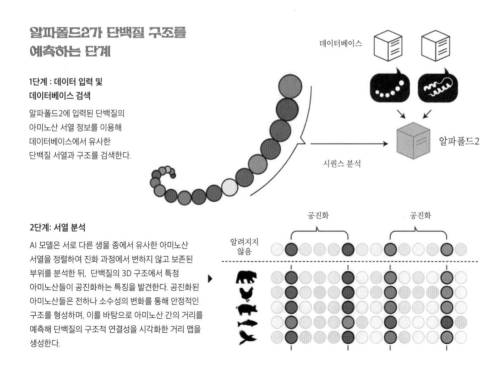

알파폴드2가 단백질 구조를 예측하는 단계

1단계 : 데이터 입력 및 데이터베이스 검색

알파폴드2에 입력된 단백질의 아미노산 서열 정보를 이용해 데이터베이스에서 유사한 단백질 서열과 구조를 검색한다.

데이터베이스

알파폴드2

시퀀스 분석

2단계: 서열 분석

AI 모델은 서로 다른 생물 종에서 유사한 아미노산 서열을 정렬하여 진화 과정에서 변하지 않고 보존된 부위를 분석한 뒤, 단백질의 3D 구조에서 특정 아미노산들이 공진화하는 특징을 발견한다. 공진화된 아미노산들은 전하나 소수성의 변화를 통해 안정적인 구조를 형성하며, 이를 바탕으로 아미노산 간의 거리를 예측해 단백질의 구조적 연결성을 시각화한 거리 맵을 생성한다.

공진화   공진화

알려지지 않음

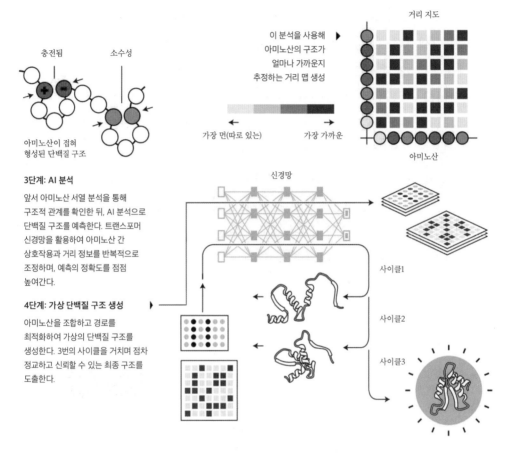

거리 지도

이 분석을 사용해
아미노산의 구조가
얼마나 가까운지
추정하는 거리 맵 생성

가장 먼(따로 있는)   가장 가까운

아미노산

충전됨   소수성

아미노산이 접혀
형성된 단백질 구조

3단계: AI 분석

앞서 아미노산 서열 분석을 통해
구조적 관계를 확인한 뒤, AI 분석으로
단백질 구조를 예측한다. 트랜스포머
신경망을 활용하여 아미노산 간
상호작용과 거리 정보를 반복적으로
조정하며, 예측의 정확도를 점점
높여간다.

4단계: 가상 단백질 구조 생성

아미노산을 조합하고 경로를
최적화하여 가상의 단백질 구조를
생성한다. 3번의 사이클을 거치며 점차
정교하고 신뢰할 수 있는 최종 구조를
도출한다.

신경망

사이클1

사이클2

사이클3

© 스웨덴 왕립 과학 아카데미

이제 시간을 거슬러 올라가 CASP 대회에서 주목할 만한 또 다른 연구를 살펴보겠습니다. 이 연구는 2024년 노벨 화학상의 절반을 차지한 또 다른 주인공의 업적으로 이어집니다. 바로 기존에 없던 새로운 단백질을 설계하고 만들어내는 획기적인 연구를 이뤄낸 데이비드 베이커입니다.

● 세포 생물학 교과서가 바꾼 인생

데이비드 베이커는 미국 하버드대학에서 철학과 사회과학을 전공하며 학업을 시작했으나, 진화생물학 수업 중 우연히 세포 생물학 교과서를 보고 매료됩니다. 학업의 방향을 바꾸어 단백질 구조 연구에 뛰어들게 되지요.

1993년 미국 워싱턴대학에서 연구를 시작한 베이커는 1990년대 말 단백질 구조를 예측할 수 있는 소프트웨어인 로제타(Rosetta)를 개발했습니다. 로제타는 단백질의 1차 아미노산 서열을 바탕으로 에너지가 가장 낮은 안정된 3D 구조를 찾아내는 프로그램으로, 단백질이 어떻게 접힐지를 예측하지요. 로제타는 기존에 알려진 단백질 구조와 패턴을 데이터베이스에서 분석하고, 유사한 서열에 대해 최적의 구조를 제시합니다.

베이커는 1998년 처음으로 로제타를 활용해 CASP 대회에 참가해 뛰어난 성과를 거두며 주목받았습니다. 이후 연구를 이어가던 그는 로제타를 역으로 사용해 원하는 구조에 맞는 아미노산 서열을 예측하여 완전히 새로운 단백질을 설계하는 아이디어를 떠올렸지요. 이 발상은 단백질 설계 분야에서 그의 연구를 한 단계 발전시키는 계기가 됩니다.

● 로제타가 탄생시킨 인공 단백질 Top7

단백질 설계 분야는 특정 기능을 가진 맞춤형 단백질을 만들어 다양한 응용에 활용하는 연구로, 1990년대 후반에 본격화되었습니다. 당시 과학자들은 주로 자연에서 발견되는 기존 단백질을 변형하여 유해 물질을 분해하거나 산업적 용도로 활용하는 데 중점을 두었지요.

그러나 천연 단백질은 그 고유한 기능이 정해져 있어, 우리가 원하는 모든 역할을 수행하기에는 한계가 있었습니다.

이러한 한계를 극복하고자 베이커는 기존 단백질을 조금씩 수정하는 것이 아닌, 처음부터 완전히 새로운 단백질을 설계하는 접근을 구상했습니다. 새로운 단백질을 만들려면 기존 단백질을 조금씩 바꾸는 것이 아니라, 단백질 구조와 기능의 기본 원리를 이해하고 처음부터 필요한 기능을 수행할 수 있도록 설계하는 게 더 효과적이라는

로제타 프로그램을 사용해 개발된 단백질 사례

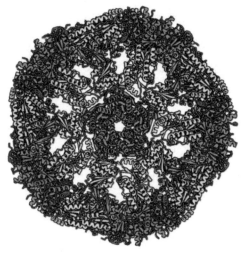

2016년: 최대 120개의 단백질이 자발적으로 연결되어 형성된 새로운 나노물질.

2017년: 펜타닐(보라색)이라는 오피오이드에 결합하는 단백질. 이를 활용해 환경 속에서 펜타닐을 감지할 수 있음.

2021년: 표면(녹색)에 인플루엔자 바이러스를 모방한 단백질이 포함된 나노입자(노란색). 인플루엔자 백신으로 개발되어 동물 모델에서 성공적인 결과를 냄.

2022년: 분자 회전자 역할을 수행하는 단백질.

2024년: 외부 영향에 따라 모양이 바뀔 수 있는 기하학적 형태의 단백질. 센서로 활용하거나 작은 제품을 생산하는 데 사용 가능.

© 데이비드 베이커 연구실

것이었지요.

그 결과, 베이커의 연구팀은 로제타 소프트웨어를 역발상으로 이용해 기존 단백질과 전혀 다른 구조를 가지는 단백질을 설계했습니다. 로제타는 단백질 서열로부터 구조를 예측할 수 있을 뿐더러, 원하는 단백질 구조를 입력받아 최적의 아미노산 서열을 역으로 계산하는 것도 가능합니다. 유사한 단백질 구조를 참고하여 목표에 맞는 아미노산 서열을 생성해 주지요. 최근에는 로제타에도 AI 기반의 신경망이 도입되어 단백질 구조 설계의 정확성과 효율이 더욱 높아졌답니다.

베이커 연구팀은 2003년 로제타를 사용해 처음부터 단백질을 설계하는 '데 노보(de novo)' 방식으로 Top7 단백질을 탄생시켰습니다. Top7 단백질은 자연에 존재하지 않는 독특한 구조를 가진 최초의 인공 단백질로, 컴퓨터를 통한 단백질 설계가 가능하다는 것을 입증한 놀라운 성과였지요. 이후 베이커는 로제타의 코드를 공개하여 전 세계 연구자들이 단백질 설계 연구에 참여할 수 있도록 지원했으며, 이를 통해 단백질 설계 분야가 더욱 발전할 수 있는 기틀을 마련했습니다.

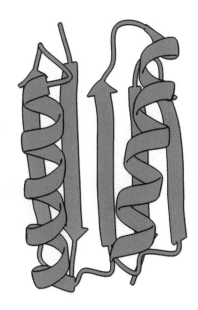

● 기존 단백질과 완전히 다른 최초의 인공 단백질 Top7 ⓒ 데이비드 베이커 연구실

여기서 잠깐, 2024년 노벨 화학상은 왜 단백질 '구조 예측'과 '설계'라는 두 가지 연구에 공동으로 수여되었을까요? 허사비스와 점퍼는 AI를 활용해 과학자들이 단백질의 구조를 빠르고 예측할 수 있는 강력한 도구를 만들었지요. 한편 데이비드 베이커는 거꾸로 원하는 구조를 만들기 위해 필요한 아미노산 서열을 설계하는 방법을 개발했습니다. 두

연구는 서로 다른 방향에서 단백질 구조 연구의 큰 목표에 기여하며 획기적인 발전을 가져왔다고 할 수 있습니다.

● 단백질 디자인이 우리 삶을 어떻게 바꿀까?

이처럼 과학적 노력과 AI 기술의 융합으로, 단백질 구조를 정밀하게 예측하고 원하는 기능을 수행하는 새로운 단백질을 설계할 수 있는 시대가 열렸습니다. 올해 노벨 화학상 수상자들은 과거 몇 년이 걸리던 작업을 단 몇 분 만에 수행할 수 있도록 혁신을 이뤄내며 과학계에 큰 반향을 일으켰지요.

이들의 연구는 끝이 아닌 현재 진행형입니다. 2024년 5월 발표된 알파폴드3는 단백질 구조 예측을 넘어 DNA, RNA, 리간드 등 다양한 생체 분자 간 상호작용을 예측하는 기능으로 약물 개발과 분자 의

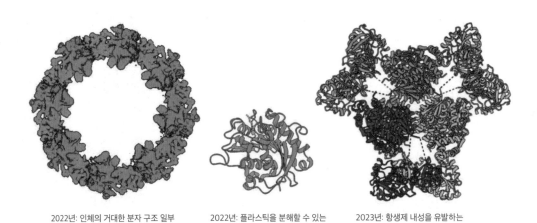

2022년: 인체의 거대한 분자 구조 일부   2022년: 플라스틱을 분해할 수 있는 천연 효소   2023년: 항생제 내성을 유발하는 박테리아 효소의 구조

❍ 알파폴드2를 사용해 결정된 단백질 구조는 질병 예방과 치료, 환경 보호, 플라스틱 분해 효소 설계 등 다양한 분야에서 활용 가능성을 보여준다. © 스웨덴 왕립 과학 아카데미

학 분야에서 눈에 띄는 진전을 나타내고 있지요. 알파폴드와 유사한 접근 방식을 활용한 로제타 폴드(RosettaFold) 또한 단백질 구조와 설계를 정밀하게 수행하며, 기존 로제타 소프트웨어와 함께 생명공학 및 맞춤형 단백질 설계의 발전을 가속화하고 있답니다. 이를 통해 질병 치료와 환경 문제 해결, 에너지 혁신 등을 통해 우리 삶의 변화를 예고하고 있지요.

단백질의 다재다능함은 생명의 다양성과 밀접하게 연결되어 있습니다. 단백질의 복잡한 작은 분자를 시각화하고 활용할 수 있게 된 것은 주목할 만한 성과임에 분명합니다. 이를 통해 생명체가 어떻게 작동하는지, 질병이 왜 발생하는지 접근할 수 있기 때문이죠. 항생제 내성이 생기는 이유와 미생물이 플라스틱을 분해하는 원리 등을 더욱 명확히 파악할 수 있습니다.

뿐만 아니라, 특정 목적에 맞춘 맞춤형 단백질 설계가 가능해지면서 나노소재, 표적 의약품, 백신, 초소형 센서, 친환경 화학제품 개발 등 다양한 분야에서 응용 가능성이 활짝 열렸습니다. 앞으로 AI 기술에 힘입어 단백질 설계 기술이 속도와 효율을 더욱 높인다면, 더욱 다양한 분야에서 놀라운 진전을 가져올 것으로 기대됩니다. 의료, 환경뿐 아니라 식량 생산, 산업 공정 등에서 인류의 미래를 크게 변화시킬 상상 속 기술이 현실로 다가오고 있습니다.

알파고와 알파폴드, AI가 그리는 미래

올해 노벨 화학상은 노벨 물리학상에 이어 AI 연구의 공로를 인정했다는 점에서 큰 주목을 받았습니다. 특히, 딥마인드라는 상업적 기업에서 진행된 연구가 선정되었다는 점도 눈길을 끌었지요. 이전의 경우 학계 연구자들이 발견한 성과를 바탕으로 스타트업을 설립해 상용화를 이끌었다면, 이번에는 상업적 영역에서 시작된 연구가 세계적인 인정을 받은 첫 사례로 평가받고 있습니다.

딥마인드의 설립자 데미스 허사비스는 어린 시절부터 비범한 재능을 발휘하며 AI 연구의 선구자로 자리 잡았습니다. 4세에 체스를 배우기 시작해 9세에 국제 체스 대회에 출전, 13세에 마스터 수준에 도달하며 전략적 사고와 분석 능력을 키워나갔지요. 이러한 체스 경험은 후일 그의 AI 연구에서 중요한 기반이 되었습니다.

17세에는 인기 시뮬레이션 게임인 '테마 파크(Theme Park)' 개발에 참여하며 게임 개발자로 성공을 거두었습니다. 이 경험 또한 창의적 문제 해결과 데이터 패턴 분석의 중요성을 체감하게 했지요. 이러한 경험들은 AI 연구와 딥마인드 설립으로 이어지는 독창적 여정을 이끄는 계기가 되었습니다.

이후 영국 케임브리지 대학에서 컴퓨터 과학과 신경과학을 전공한 허사비스는 인간의 뇌가 학습하고 문제를 해결하는 메커니즘을 연구하며 이를 AI에 적용할 가능성을 탐구했습니다. 졸업 후에는 신경과학자로서 인간의 학습 과정을 연구하던 중, 사람처럼 학습하고 복잡한 문제를 해결하는 AI 개발의 가능성을 떠올렸습니다.

이러한 통찰을 바탕으로 허사비스는 2010년 딥마인드를 설립했습니다. 딥마인드는 데이터 패턴 분석을 통해 복잡한 문제를 해결하는 AI 개발에 전념하며, 인간의 사고 과정을 모방한 혁신적인 AI 모델을 구축했지요. 그의 연구는 인간의 사고 과정을 모방한 AI 모델 개발로 이어졌고, 게임, 의료, 과학 등 다양한 분야에서 활용되며, AI 응용의 새 지평을 열었습니다.

데미스 허사비스는 알파폴드를 개발하기에 앞서 2016년, 알파고라는 AI로 전 세계를 깜짝 놀라게 했습니다. 당시 알파고는 인류의 가장 오래된 보드게임 중 하나인 바둑(Go)에서 세계 챔피언 이세돌 9단을 상대로 승리를 거두며 AI의 놀라운 잠재력을 증명했어요. 바둑은 체스보다 가능한 수가 훨씬 많은 복잡한 게임으로, 그 당시까지만 해도 AI가 인간을 이기기 어려운 게임으로 여겨졌답니다. 하지만 알파고는 기존의 전통적인 AI 접근법과는 다른 신경망 기반의 강화 학습 기술을 활용해 이세돌을 4대 1로 꺾었지요.

알파고는 인간의 경험 데이터를 학습하고 이를 기반으로 스스로 학습을 반복하는 딥러닝 기술에 기반해 개발되었습니다. 초기 알파고는 인간 프로 기사들의 바둑 대국 데이터를 학습해 기본적인 전략을 익힌 후, 스스로 바둑을 두며 얻은 데이터를 바탕으로 실력을 발전시키는 강화 학습 과정을 거쳤지요. 이는 기존 AI가 단순히 데이터를 입력받아 정해진 규칙에 따라 작동하는 방식에서 벗어나, 스스로 판단하고 전략을 설계하는 자율 학습

◉ 영국 런던에 위치한 구글 딥마인드 본사 빌딩 전경.
© Google DeepMind

의 시대를 열었다고 할 수 있습니다.

알파고의 성과 이후, 딥마인드는 이를 더욱 발전시킨 버전인 알파고 제로(AlphaGo Zero)를 개발했습니다. 알파고 제로는 인간의 데이터를 전혀 사용하지 않고, 오로지 스스로 바둑을 두며 학습하여 단 40일 만에 기존 알파고를 압도하는 실력을 갖추었습니다. 2017년에는 바둑뿐만 아니라 체스와 쇼기(일본 장기) 같은 복잡한 게임에서도 인간을 능가하는 AI인 알파제로(AlphaZero)를 선보였습니다. 알파제로는 세계 최고의 컴퓨터 체스 프로그램 스톡피시(Stockfish-8)를 상대로 압도적인 승리를 거두며, AI가 스스로의 플레이에서 학습하고 발전할 수 있음을 증명했습니다.

알파고의 성과는 단순한 기술적 혁신을 넘어, 인간과 AI의 관계에 대한 사회적 논의를 촉발시키는 계기가 되었습니다. 오늘날 ChatGPT와 같은 AI 기술이 널리 사용되고 있지만, 당시에는 AI가 인간의 창의성과 직관을 모방할 수 있는지에 대한 의문이 큰 화두였지요.

🔵 허사비스는 알파고 제로가 '인간 지식의 한계에 얽매이지 않기 때문에' 강력하다고 소개했다.
© Google DeepMind

또한 AI가 예술이나 과학적 발견 같은 인간의 고유 영역으로 여겨지던 분야에도 영향을 미칠 가능성이 다양한 방식으로 제기되었습니다. 이세돌 9단은 알파고와의 역사적인 경기 이후 바둑계를 은퇴하며, "AI가 인간이 도달할 수 없는 새로운 수준에 도달했다."고 언급해 AI의 잠재력과 그로 인한 변화에 대한 통찰을 남기기도 했지요.

알파고를 통해 개발된 기술은 바둑을 넘어 더 넓은 분야로 확장되었습니다. 알파고에서 사용된 강화 학습과 딥러닝 기술은 의료, 에너지, 기후 변화 같은 복잡한 문제 해결에도 활용되고 있습니다. 특히 알파폴드 프로젝트에서는 알파고의 학습 원리를 단백질 구조 예측에 적용해 획기적인 성과를 거두었지요.

알파고와 알파폴드는 본질적으로 유사한 학습 원리를 공유합니다. 알파고가 바둑의 수많은 수를 예측하고 최적의 경로를 찾아내는 과정을 반복했듯이, 알파폴드는 단백질 아미노산 서열에서 가능한 구조를 예측하고 최적의 3D 형태를 찾아내는 방식을 사용합니다. 알파폴드의 성공은 AI 기술을 어떤 분야에 적용하느냐에 따라 인류가 직면한 복잡한 문제를 해결하는 데 기여할 수 있음을 보여주는 사례입니다.

알파고의 성공 이후, 딥마인드는 게임 AI를 넘어 과학 연구와 인간 복지 향상을 목표로 다양한 프로젝트에 주력하고 있습니다. 데미스 허사비스는 "AI는 인간의 창의성과 결합해 인류가 직면한 가장 큰 문제들을 해결할 열쇠"라고 강조하며, 앞으로도 AI 기술을 통해 새로운 과제에 도전할 것임을 밝혔지요.

Nobel Prize in Physiology
or Medicine 2024

2024년
노벨
생리의학상

✳

Victor Ambros(빅터 앰브로스)
Gary Ruvkun(게리 러브컨)

2024 노벨 생리의학상, 수상자 두 명을 소개합니다!
- 빅터 앰브로스, 게리 러브컨

2024년 노벨 생리의학상은 빅터 엠브로스 미국 매사추세츠 의대 교수와 게리 러브컨 하버드 의대 교수에게 돌아갔습니다. 두 교수는 '마이크로RNA' 즉 miRNA를 발견하고, 이 miRNA가 유전자 발현을 조절하는 역할을 한다는 사실을 밝혀낸 공로를 인정받았습니다.

노벨상이 발표되기 전, 많은 사람들은 최근 과학계를 휩쓴 '위고비', 즉 비만 치료제 개발에 기여한 과학자들이 올해 노벨상을 받을 것으로 예측했습니다. 실제로 이 과학자들은 올해 '미리 보는 노벨 생리의학상'이라 불리는 '래스커상'을 수상하기도 했습니다. 이외에도 장내 미생물 연구, 유방암 연구 등이 올해 노벨 생리의학상 후보로 거론됐습니다. 그런데 전혀 예상하지 못한 miRNA 연구자들이 수상자로 선정되며, 많은 이들에게 놀라움을 안겼습니다.

"

작은 RNA가 유전자 조절의
새 지평을 열다

"

게리 러브컨

- 1952년 미국 캘리포니아주 버클리 출생
- 1973년 미국 캘리포니아대 버클리에서 생물물리학 학사 학위 취득
- 1982년 미국 하버드대에서 생물물리학 박사 학위 취득
- 1985년-현재 미국 하버드대 의대 교수로 재직 중
- 2008년 래스커 기초의학연구상 수상

빅터 앰브로스

- 1953년 미국 뉴햄프셔주 하노버 출생
- 1975년 미국 매사추세츠공대(MIT)에서 생물학 학사 학위 취득
- 1979년 미국 매사추세츠공대(MIT)에서 생물학 박사 학위 취득
- 1984-1992년 미국 하버드대에서 교수로 재직
- 1992-2007년 미국 다트머스의대에서 교수로 재직
- 2008년-현재 미국 매사추세츠대 의대 교수로 재직 중
- 2008년 래스커 기초의학연구상 수상

miRNA는 세포 내에서 만들어지는 작은 RNA 분자입니다. 두 교수는 예쁜꼬마선충이라는 동물을 연구하던 중 miRNA를 발견했습니다. 이들은 miRNA가 특정 유전자의 발현을 조절해 세포의 성장, 분화, 죽음 등 다양한 생명 현상에 관여한다는 것을 밝혀냈습니다.

이들의 발견은 유전자 조절에 대한 우리의 이해를 크게 넓혔습니다. miRNA가 발견되기 전까지 과학자들은 '전사인자'라는 단백질이 유전자 발현을 조절한다고 생각했습니다. 전사인자는 DNA의 특정 부위에 결합해 유전자 발현을 촉진하거나 억제하는 역할을 합니다. 하지만 miRNA가 발견되면서, 작은 RNA도 유전자의 발현을 조절할 수 있다는 것을 알게 됐습니다. 또 miRNA가 암이나 신경 질환 등 다양한 질병에도 관여한다는 사실이 알려지면서, 질병의 원인 규명과 치료에 새로운 가능성을 열어줄 것으로 기대되고 있습니다.

몸풀기! 사전지식 깨치기

우리 몸은 뇌, 위장, 폐 등 다양한 기관과, 근육이나 피부, 뼈 등 여러 조직으로 이뤄져 있습니다. 그리고 기관과 조직을 이루는 세포들은 각자 맞는 일을 수행합니다. 예를 들어 신경세포는 서로 전기적인 신호를 주고받으면서 정보를 전달합니다. 위장기관의 세포들은 음식물을 소화하는 일을 담당하죠. 폐를 이루는 세포들은 숨을 들이쉬고 내쉬는 호흡 과정을 도맡습니다. 근육 세포는 근육을 수축하거나 이

완해 몸을 움직이는 일을 하죠.

우리 몸에는 이처럼 수백 가지의 다양한 세포들이 있습니다. 그런데 우리 몸의 세포는 모두 동일한 유전 정보를 가지고 있습니다. 그렇다면 세포들은 이 많은 정보 중에서 어떻게 자신이 담당할 일만 쏙쏙 찾아내 수행할 수 있는 걸까요? 그 답은 바로 '유전자 발현'에 달려 있습니다. 각 세포마다 관련된 유전자만 발현되도록 누군가 조절하고 있기 때문입니다.

● 유전자 발현은 무엇일까?

유전자 발현은 DNA에 담겨 있는 유전 정보에 의해 생명 현상을 이루는 단백질이 만들어지는 과정을 말합니다. 무슨 소리인지 감이 잘 안 잡힌다고요? 하나씩 천천히 알아보겠습니다.

지구상의 모든 생명체는 유전자를 갖고 있습니다. 유전자에는 생명체의 고유한 특성, 생명체를 이루고 유지하는 데 필요한 모든 정보가 담겨 있죠. 예를 들어 눈의 색, 머리카락 색, 키 등을 결정하는 것은 모두 유전자입니다. 그리고 이 유전자는 부모로부터 자손으로 전달됩니다.

유전자가 전달되기 위해서는 특정한 물질이 있어야 하겠죠? 유전자를 담고 있는 물질을 '디옥시리보핵산(DNA)'이라고 합니다. DNA는 가늘고 긴 실 모양의 물질로, 1869년 스위스의 의사인 프리드리히 미셰르가 처음 발견했습니다. 그는 버려진 수술 붕대의 고름에서 DNA를 발견해 '뉴클레인'

✚ 스위스의 의사인 프리드리히 미셰르는 1869년 처음으로 DNA를 발견했다.
© Wikimedia Commons

이라는 이름을 붙였는데요, 이후 DNA가 산성을 띤다는 것이 알려지면서 '핵산'이라는 이름이 붙었습니다.

　DNA가 유전 정보의 매개체라는 것이 밝혀지면서, 많은 과학자들이 DNA의 비밀을 풀기 위해 연구에 뛰어들었습니다. 그리고 1950년대, 마침내 DNA의 구조가 밝혀졌습니다. 미국의 과학자 제임스 왓슨과 영국의 과학자 프랜시스 크릭이 DNA 구조를 알아내는 데 성공했습니다. 두 과학자는 이 공로로 1962년 노벨 생리의학상을 수상했습니다.

　DNA는 당과 인산, 염기로 이뤄진 뉴클레오타이드가 모여 이중나선 구조를 하고 있습니다. 염기에는 아데닌(A), 구아닌(G), 시토신(C), 티민(T)의 4가지 종류가 있는데, A와 T, C와 G가 서로 쌍을 이뤄 결합합니다. 마치 자석의 N극과 S극이 서로 당기는 것처럼, 각 염기는 정해진 염기하고만 쌍을 이룹니다. 이를 상보적 결합이라고 합니다.

　인간의 DNA는 약 33억 쌍의 염기로 이뤄져 있습니다. 이 중 유전

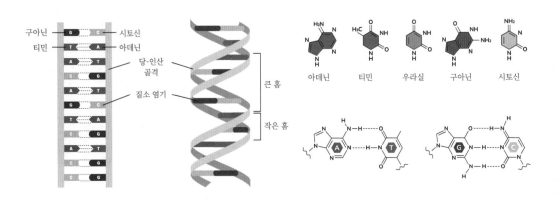

● 디옥시리보핵산(DNA) 구조.

자는 DNA의 특정 위치에 있는 염기서열을 일컫습니다. 컴퓨터가 0과 1로 정보를 표현하는 것처럼, 유전자는 DNA의 4가지 염기서열로 유전 정보를 표현합니다.

설계도를 따라 건물을 짓는 것처럼, 우리 몸의 세포들은 이 유전 정보를 바탕으로 단백질을 만듭니다. 여기서 단백질은 유전자의 정보를 실제 기능으로 연결하는 매개체입니다. 탄수화물, 지방과 같이 생명 유지에 꼭 필요한 3대 영양소로 잘 알려져 있지만 단백질은 단순히 필수 영양소에 그치지 않고, 생명체의 모든 활동을 담당하는 중요한 일꾼입니다. 단백질은 뼈, 근육, 피부 등 우리 몸의 기본적인 구조를 이룰 뿐만 아니라, 우리가 먹은 음식을 소화하고, 팔다리의 근육을 움직여 달리게 하고, 숨을 들이쉬고 내쉬게 하고, 외부 세균이나 바이러스로부터 우리 몸을 지키고, 이 글을 읽으며 내용을 이해할 수 있도록 하는 등 모든 생명 활동을 담당합니다.

정리해보면 유전자는 어떤 단백질을 만들라는 정보이고, 이 정보에 따라 특정 단백질이 만들어져 다양한 기능을 수행하는 것입니다. 이 과정을 일컬어 '유전자 발현'이라고 합니다.

● 단백질이 합성되는 과정

이제 유전자의 정보가 단백질로 번역되는 과정을 더 자세히 알아보겠습니다. 유전자가 담긴 DNA는 세포의 핵이라는 기관에 있습니다. DNA는 매우 중요한 물질이라 주위 환경으로부터 안전한 장소에 보관돼야 합니다. 세포핵은 핵막이라는 튼튼한 막으로 둘러싸여 있어 외부의 해로운 물질이나 DNA를 분해하는 물질들로부터 DNA를 보호합니다.

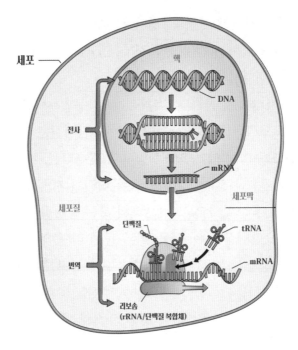

● mDNA의 유전 정보가 mRNA를 거쳐 단백질로 만들어지는 것이 유전자 발현이다.

그런데 단백질을 만드는 과정은 핵 밖에서 일어납니다. 그래서 핵
속에 있는 DNA의 유전정보를 복사해 가져올 중간 매개체가 필요
한데요. 이 매개체를 '전령 RNA(mRNA)'라고 합니다. 그리고 DNA의
정보를 RNA로 옮기는 과정을 '전사'라고 합니다. RNA 중합효소가
DNA 가닥을 따라가면서 특정 유전자의 정보를 복사해 mRNA를 만
듭니다. 이때 mRNA는 DNA의 정보를 거의 그대로 옮겨오지만, 약
간 다른 점이 있습니다. A, G, C의 염기는 그대로지만 티민(T) 대신 우
라실(U)이라는 염기가 대신 사용됩니다. 이렇게 복사된 정보를 담은
mRNA는 약간의 가공을 거쳐 핵 밖으로 나갑니다.

유전암호

두 번째 mRNA 염기

		U		C		A		G		
U	UUU UUC	페닐알라닌 (Phe)	UCU UCC UCA UCG	세린 (Ser)	UAU UAC	티로신 (Tyr)	UGU UGC	시스테인 (Cys)	**U** **C**	
	UUA UUG	류신 (Leu)			UAA UAG	정지 코돈	UGA UGG	정지 코돈 트립토판(Trp)	**A** **G**	
C	CUU CUC CUA CUG	류신 (Leu)	CCU CCC CCA CCG	프롤린 (Pro)	CAU CAC	히스티딘 (His)	CGU CGC	아르기닌 (Arg)	**U** **C**	
					CAA CAG	글루타민 (Gln)	CGA CGG		**A** **G**	
A	AUU AUC	이소류신 (Ile)	ACU ACC	트레오닌 (Thr)	AAU AAC	아스파라긴 (Asn)	AGU AGC	세린 (Ser)	**U** **C**	
	AUA		ACA ACG		AAA AAG	리신 (Lys)	AGA AGG	아르기닌 (Arg)	**A**	
	AUG	시작 코돈 메티오닌(Met)							**G**	
G	GUU GUC	발린 (Val)	GCU GCC	알라닌 (Ala)	GAU GAC	아스파르트산 (Asp)	GGU GGC	글리신 (Gly)	**U** **C**	
	GUA GUG		GCA GCG		GAA GAG	글루탐산 (Glu)	GGA GGG		**A** **G**	

(왼쪽 세로: 첫 번째 mRNA 염기(5′ 말단) / 오른쪽 세로: 세 번째 mRNA 염기(3′ 말단))

○ mRNA의 정보는 염기가 3개씩 묶인 코돈으로 이뤄져 있다. 코돈은 암호처럼 특정 아미노산을 지정한다.

핵 밖으로 나온 mRNA는 단백질을 만드는 작은 공장인 '리보솜'과 결합합니다. 리보솜은 mRNA의 정보를 읽고, 그에 맞는 아미노산(단백질의 기본 단위)을 하나씩 연결해 단백질을 만들어 냅니다. 이 과정에서 '운반 RNA(tRNA)'라는 또 다른 종류의 RNA가 중요한 역할을 합니다.

mRNA의 정보는 염기가 3개씩 묶인 '코돈'으로 이뤄져 있는데요. 코돈은 마치 암호처럼 특정 아미노산을 지정합니다. 아미노산의 종류는 총 20가지인데, 코돈의 조합은 4×4×4로 64개이므로 보통 여러 개의 코돈이 같은 아미노산을 지정합니다. 예를 들어 CAU, CAC 코돈은 히스티딘이라는 아미노산을 지정하죠. 61개의 코돈은 아미노산을

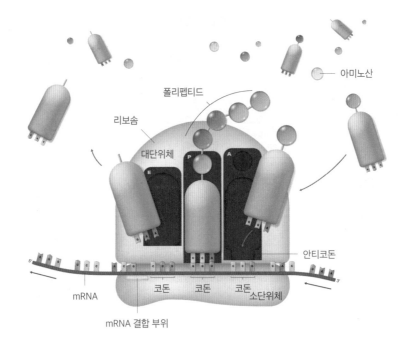

아미노산

폴리펩티드

리보솜

대단위체

안티코돈

mRNA

코돈 코돈 코돈
소단위체

mRNA 결합 부위

○ 단백질 번역 과정. 단백질 합성은 리보솜에서 일어나며, 리보솜은 mRNA의 정보를 읽고 그에 맞는 아미
노산을 하나씩 연결해 단백질을 만든다.

암호화하고 있고, 나머지 3개는 '번역'이 끝남을 알리는 종결 코돈으
로 이뤄져 있습니다. tRNA는 이 코돈에 맞는 아미노산을 리보솜으로
운반합니다. 리보솜은 mRNA를 따라 이동하면서 tRNA가 가져온 아
미노산들을 차례대로 연결하죠. 이렇게 아미노산이 길게 연결되면서
단백질이 만들어집니다.

이렇게 mRNA의 정보가 단백질로 만들어지는 과정을 번역이라고
합니다. 단어 하나하나의 뜻을 찾아가며 외국어 문장을 우리말 문장
으로 바꾸는 것과 비슷해 이런 이름이 붙었습니다. DNA가 사용하는

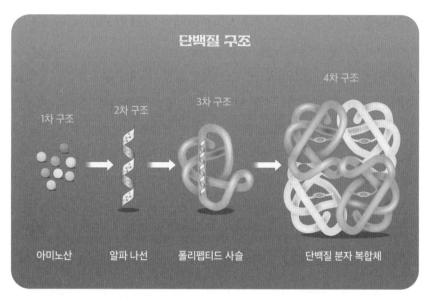

단백질 구조

1차 구조   2차 구조   3차 구조   4차 구조

아미노산   알파 나선   폴리펩티드 사슬   단백질 분자 복합체

⊙ 단백질이 알맞은 기능을 수행하기 위해서는 구조를 갖춰야 한다. 단백질은 1차, 2차, 3차, 4차 구조를 이룰 수 있다.

언어(염기)를 해독해 단백질의 언어(아미노산)로 바꾸는 과정인 것이죠.

만들어진 단백질은 리보솜에서 떨어져 나와 자신의 모양을 갖추게 됩니다. 단백질이 알맞은 기능을 수행하기 위해서는 다양한 가공 과정을 거쳐 구조를 바꿔야 합니다. 예를 들어 단백질은 1차, 2차, 3차, 4차 구조를 갖고 있는데요. 1차 구조는 단순히 아미노산이 일렬로 배열된 순서를 말합니다. 1차 구조의 단백질은 이후 추가 결합을 통해 2차 구조를 형성합니다. 2차 구조에는 나선 모양의 알파 나선, 병풍모양의 베타 병풍 구조가 있습니다. 그리고 아미노산 간의 다양한 상호작용으로 단백질은 더욱더 복잡하게 접혀 3차원 구조를 형성하며, 이를 3차 구조라 합니다. 3차 구조는 단백질의 기능에 결정적인 역할을 하기 때문에 매우 중요합니다. 만약 단백질 구조가 제대로 형성되지 않는다면, 질병이 생길 수도 있습니다.

마지막으로, 여러 개의 단백질들이 모여서 하나의 단백질 복합체를 형성하는 경우가 있는데, 이를 4차 구조라고 합니다. 우리 몸에서 산소를 운반하는 단백질로 잘 알려진 헤모글로빈이 대표적인 4차 구조 단백질입니다. 헤모글로빈은 4개의 소단백질이 모여 하나의 큰 단백질을 이루고 있습니다. 가공 과정이 모두 끝난 단백질은 필요한 곳으로 이동해 제 역할을 하게 됩니다. 이 복잡한 모든 과정이 유전자 발현입니다.

그런데 유전자 발현은 단순히 유전 정보를 이용해 단백질을 만드는 과정이 아닙니다. 세포가 어떤 단백질을 얼마나 만들어낼지를 조절하는 매우 정교한 과정이기도 하죠. 즉 세포는 유전자가 발현되는 시기, 단백질의 양, 더 이상 필요하지 않아 단백질 합성을 중단할 시기 등을 정확히 제어해야 합니다.

우선 세포의 종류에 따라 유전자를 다르게 발현해야 합니다. 예를 들어 소장에서는 탄수화물, 단백질, 지방 등 여러 영양소의 소화가 일어나기 때문에 많은 소화 효소들이 필요합니다. 이에 따라 소화 효소를 분비하는 췌장 세포들은 각 영양소에 해당하는 소화 효소 유전자를 발현합니다. 하지만 뇌의 신경세포는 음식물을 소화하지 않기 때문에 이런 소화 효소 유전자들이 발현되지 않죠. 마찬가지로 췌장 세포들은 신경세포처럼 신경전달물질을 사용해 신호를 보내지 않기 때문에 해당 유전자는 꺼진 상태로 유지되며, 신경전달물질 생산에 관여하는 단백질은 만들어지지 않습니다.

몸의 발달 단계에 따라서도 유전자를 다르게 발현해야 합니다. 엄

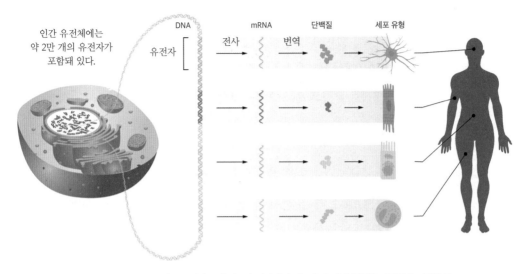

인간 유전체에는
약 2만 개의 유전자가
포함돼 있다.

DNA

유전자

mRNA

단백질

세포 유형

전사

번역

○ 우리 몸의 모든 세포의 DNA에는 동일한 유전 정보가 저장되어 있는데, 유전자 발현을 정밀하게 조절해 특정 세포에서 필요한 유전자만 활성화되도록 한다. © The Nobel Committee for Physiology or Medicine. Ill. Mattias Karlén

마 뱃속에 있을 때, 태어날 때, 사춘기 시절을 거쳐 성인이 될 때 각자 발현되는 유전자가 다르죠. 또 같은 세포라도 외부 환경과 내부 상태의 변화에 따라 유전자 발현을 다르게 조절해야 하는 경우가 있습니다. 만약 유전자 발현이 제대로 조절되지 않는다면 심각한 질병으로 이어질 수도 있습니다.

　　그렇다면 세포들은 유전자 발현을 어떻게 조절할까요? 과학자들은 수십 년 간의 연구를 통해 다양한 유전자 조절 메커니즘을 밝혀냈습니다. 앞서 살펴본 유전자 발현의 모든 단계, 즉 전사, RNA 가공, 번역, 단백질 합성 등에서 다양한 조절 메커니즘이 있는 것으로 밝혀졌는데, 이 중 대표적인 것이 바로 '전사인자'입니다.

　　전사인자는 DNA에 직접 결합해 특정 유전자의 전사를 조절하는 단백질입니다. 마치 스위치처럼 유전자의 발현을 켜거나 끌 수 있으며, 세포의 종류, 발달 단계, 환경 조건에 따라 유전자 발현을 조절하는 데 핵심적인 역할을 합니다. 모든 유전자의 전사에 필요한 기본 전사인자도 있지만, 각각의 세포들은 제각기 다른 특이적인 전사인자를 갖고 있습니다. 이를 통해 각 세포에서 특이적인 유전자를 발현시키는 것이죠.

전사인자는 보통 DNA의 특정 염기서열(전사인자 결합 부위)에 직접 결합해 RNA 중합효소가 유전자에 접근하는 것을 돕거나 방해합니다. 또 다른 단백질들과 상호작용하거나, 세포의 신호에 반응해 전사를 촉진하거나 억제하기도 합니다.

진핵세포의 전사 인자

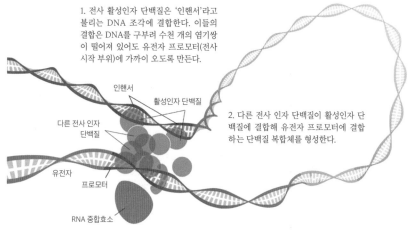

1. 전사 활성인자 단백질은 '인핸서'라고 불리는 DNA 조각에 결합한다. 이들의 결합은 DNA를 구부려 수천 개의 염기쌍이 떨어져 있어도 유전자 프로모터(전사 시작 부위)에 가까이 오도록 만든다.

인핸서

활성인자 단백질

다른 전사 인자 단백질

2. 다른 전사 인자 단백질이 활성인자 단백질에 결합해 유전자 프로모터에 결합하는 단백질 복합체를 형성한다.

유전자

프로모터

RNA 중합효소

3. 이 단백질 복합체는 RNA 중합 효소가 프로모터에 쉽게 부착해 유전자 전사를 시작할 수 있도록 한다.

◎ 전사인자는 DNA에 직접 결합해 특정 유전자의 전사를 조절하는 단백질이다. © Wikimedia Commons

지금까지 인간에게서 1,600개 이상의 전사인자가 발견됐습니다. 과학자들은 전사인자를 찾으며 유전자 발현 조절의 주요 기전이 모두 밝혀졌다고 생각했습니다. 그런데 1993년, 전혀 예상하지 못했던 존재가 유전자 조절에 관여한다는 것이 밝혀졌는데요. 이것이 바로 올해 노벨 생리의학상을 수상한 과학자들의 연구 결과입니다.

본격! 수상자들의 업적
miRNA를 발견하다

앰브로스 교수와 러브컨 교수는 1980년대 후반, MIT 로버트 호비츠 교수의 연구실에서 함께 박사후 연구원을 지냈던 동료였습니다. 이후 각자 다른 대학에 교수로 임용되면서 헤어졌지만, 두 사람은 호비츠 교수의 연구실에서 연구하던 주제를 계속 이어갔습니다.

● 예쁜꼬마선충에서 발견한 작은 RNA

두 사람은 '예쁜꼬마선충(C.elegans)'의 발달 과정을 연구했는데, 특히 다양한 세포들이 적절한 시기에 발달하도록 조절하는 유전자에 관심을 두고 있었습니다. 이들이 관심을 둔 유전자는 예쁜꼬마선충의 발달 과정에 관여하는 'lin-4'와 'lin-14' 유전자였습니다. lin-4 유전자에 돌연변이를 가진 예쁜꼬마선충은 성체가 되는 과정이 지연되고, 내부에 알을 비정상적으로 축적하고 몸의 일부분이 성체로 발달하지 못했습니다. lin-14 유전자에 돌연변이를 가진 예쁜꼬마선충은 lin-4

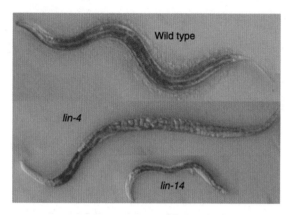

○ 정상 예쁜꼬마선충과 lin-4 유전자에 돌연변이가 일어난 예쁜꼬마선
충, lin-14 유전자에 돌연변이가 일어난 예쁜꼬마선충.

© Nature Medicine(2008)

돌연변이보다 크기가 훨씬 더 작고, 성체로 발달하는 과정도 더 늦어졌습니다. 그리고 정확한 기전을 알지는 못했지만, lin-4 유전자가 lin-14 유전자의 발현을 억제하는 것처럼 보였습니다.

앰브로스 교수는 이들의 관계를 알아내기 위해 예쁜꼬마선충의 DNA에서 lin-4 유전자의 위치를 찾아냈습니다. 하지만 그 부위에서 단백질을 만드는 유전자를 찾아내지는 못했습니다. 지금과 달리 당시에는 유전자의 정확한 위치와 염기서열을 찾아내는 것이 매우 어려운 일이었습니다. 대신 그는 단백질이 아니라 작은 RNA 조각을 발견했는데, 당시에는 그것의 정체를 몰랐기에 별 것 아니라며 무시했습니다. 당시 RNA의 역할이란 DNA의 유전정보를 전달하고 아미노산을 운반하는 mRNA와 tRNA 정도에 그쳤기에, 실험 중에 잘못 섞인 이물질 정도라고 생각했던 것이죠.

그런데 이후 연구를 통해 앰브로스 교수는 lin-4 유전자가 뉴클레오타이드 22개로 이뤄진 작은 RNA를 만들어낸다는 것을 알게 됐습니다. 그리고 앰브로스 교수가 이런 발견을 하고 있을 때, 러브컨 교수 또한 lin-14 유전자를 연구하고 있었습니다. 러브컨 교수는 lin-14이 예쁜꼬마선충의 발달 단계에 따라 발현되는 단백질이며, L1 단계에서 가장 많이 발현된다는 사실을 알아냈습니다. 예쁜꼬마선충은 알에서 태어나 L1, L2, L3, L4라는 4단계의 유충 시기를 거쳐 성체로 자라납니다. lin-14 단백질은 예쁜꼬마선충이 성체가 되는 데 필요한 다른 유전자들의 발현을 조절하는 역할을 담당하고 있었습니다.

러브컨 교수는 lin-14 유전자를 많이 만들어내도록 바꾼 돌연변이 예쁜꼬마선충을 만들었습니다. 그리고 이 돌연변이가 만드는 lin-14 단백질과 lin-14 mRNA의 양을 정상 예쁜꼬마선충의 것과 비교했죠. 그 결과, 돌연변이에서 lin-14 단백질이 4~7배 증가했지만, mRNA의 양은 둘 사이에 차이가 없었습니다. 만약 lin-14 유전자가 전사 단계, 즉 mRNA가 만들어지는 단계에서 조절된다면 돌연변이 예쁜꼬마선충에서는 정상 선충보다 lin-14 mRNA의 양이 훨씬 많아야 합니다. 그런데 둘 사이의 mRNA 양에 차이가 없다는 것은 lin-14 유전자가 mRNA가 만들어진 이후에 조절된다는 것을 뜻합니다.

그렇다면 lin-4는 어떻게 유전자 발현을 조절하는 걸까요? 두 사람은 서로의 연구 결과를 공유해 분석했는데, lin-4가 생성하는 짧은 RNA는 유전자를 암호화하지 않았지만, 특이하게도 lin-14 유전자의 mRNA의 특정 영역과 부분적으로 상보적인 서열을 가지고 있었습니다. 즉, lin-4의 짧은 RNA가 lin-14 mRNA에 결합해 lin-14 단백질이 만들어지는 것을 막는다는 것입니다. 전사인자와 같은 단백질이 아니라, RNA가 RNA를 직접 억제해 유전자 발현을 조절한다는 뜻입니다. 두 사람의 연구 결과는 혁명적이었습니다. 이전에는 알려지지 않았던 새로운 유형의 RNA가 발견됐을 뿐만 아니라, 이 작은 RNA가 유전자 발현을 조절한다는 예상치 못한 새로운 메커니즘을 발견했기 때문입니다. 이들의 연구 결과는 1993년, 국제학술지 「셀」에 두 편의 논문으로 발표됐습니다.

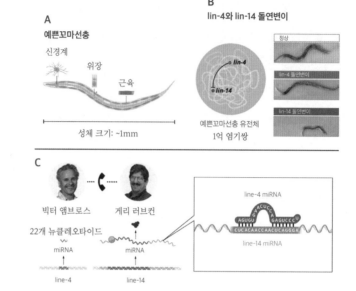

노벨 생리의학상 업적 요약

A
예쁜꼬마선충

신경계
위장
근육

성체 크기: ~1mm

B
lin-4와 lin-14 돌연변이

lin-4
lin-14

예쁜꼬마선충 유전체
1억 염기쌍

정상
lin-4 돌연변이
lin-14 돌연변이

C
빅터 앰브로스   게리 러브컨

22개 뉴클레오타이드

miRNA   miRNA

line-4   line-14

line-4 miRNA
AGUGU CACUCC A
GAGUCCC U
CUCACAACCAACUCAGGGA
line-14 miRNA

(A) 예쁜꼬마선충은 다양한 세포 유형의 발달 과정을 이해하는 데 중요한 모델동물이다.

(B) 앰브로스 교수와 러브컨 교수는 lin-4와 lin-14 유전자의 관계를 연구했다. 앰브로스 교수는 lin-4 유전자가 lin-14 유전자를 억제하는 것을 발견했다.

(C) 두 사람은 lin-4 유전자가 단백질을 암호화하지 않는 작은 RNA, 즉 miRNA를 만들어낸다는 사실을 알아냈다. lin-4 miRNA의 서열은 lin-14 mRNA의 서열과 상보적으로 일치하며, 이를 이용해 lin-14 mRNA와 결합해 lin-14의 단백질 합성을 막는다.

● 다양한 동물에서 진화적으로 보존되어 온 miRNA

하지만 처음에 이들의 발견은 큰 주목을 받지 못했습니다. 작은 RNA를 통한 유전자 발현 조절 메커니즘은 인간이나 다른 동물과는 무관한, 예쁜꼬마선충에게만 나타나는 특이한 현상으로 생각됐기 때문입니다.

그런데 7년이 지난 2000년, 러브컨 교수는 이 작은 RNA가 다양한 동물에서 나타난다는 사실을 발견했습니다. 그는 예쁜꼬마선충에서 'let-7'이라는 또 다른 작은 RNA를 찾아냈습니다. 21개의 뉴클레오타이드로 이뤄진 let-7 RNA는 lin-41 mRNA를 억제해 예쁜꼬마선충이 유충에서 성체로 발달하도록 촉진합니다.

러브컨 교수는 let-7 유전자 서열을 DNA 데이터베이스에 넣고 비교했습니다. 그런데 놀랍게도 초파리와 인간, 제브라피쉬 등의 다른 동물에서 같은 서열이 발견됐습니다. 작은 RNA가 다른 동물에도 있다는 것을 발견한 순간이었죠. 또 대부분의 동물에서 let-7의 역할이 비슷한 것으로 나타나 진화적으로 고도로 보존돼 왔다는 것이 밝혀졌습니다(인간의 경우, 이후 연구를 통해 let-7 RNA가 줄기세포의 분열 및 분화 시기 등을 조절하는 것으로 나타났습니다). 이를 통해 러브컨 교수는 작은 RNA가 여러 동물에서 보편적인 유전자 조절 메커니즘을 담당한다는 사실을 보여줬습니다.

이 연구 결과는 생물학계에 큰 관심을 불러 일으켰습니다. 과학자들은 이 작은 RNA에 '마이크로RNA(miRNA)'라는 이름을 붙이며 인

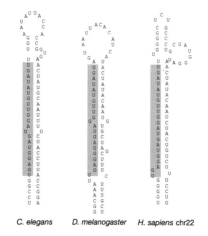

C. elegans   D. melanogaster   H. sapiens chr22

● 러브컨 교수는 let-7 miRNA가 예쁜꼬마선충(왼쪽), 초파리(가운데), 인간(오른쪽)에서 모두 존재한다는 것을 밝혔다.
© Nature(2000)

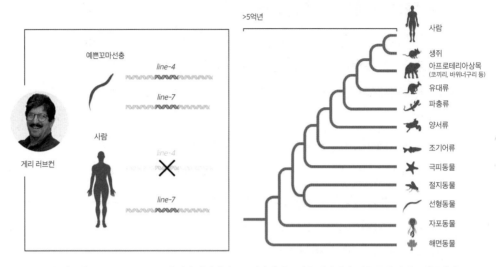

🔵 러브컨 교수는 let-7 miRNA가 진화 과정에서 보존되어 왔다는 것을 밝혀냈다. 이를 통해 다세포 생물에서 miRNA를 이용한 유전자 발현 조절은 보편적인 현상이라는 것이 알려졌다. © The Nobel Committee for Physiology or Medicine. Ill. Mattias Karlen

간과 다른 동물에서 또 다른 miRNA들이 있는지 찾아내기 위해 연구에 매진했습니다. 이후 과학자들은 다세포 생물에 방대한 종류의 miRNA가 존재하며, miRNA가 유전자 발현에 핵심적인 역할을 한다는 것을 알게 되었습니다.

여러 연구를 통해 miRNA의 진화 과정도 밝혀졌습니다. 단세포 조상에서 다세포 생물로 진화하는 과정에서, 각 세포들은 특화된 기능을 담당하도록 진화했습니다. 그러다 보니 점점 더 정교한 유전자 조절 메커니즘이 필요하게 되었죠. DNA에 직접 결합해 유전자 발현을 조절하는 전사인자 외에, 다른 형태의 조절 시스템이 필요하게 된 것입니다. miRNA는 최소 5억 년 이상 다세포 생물의 유전체 내에서 진화하고 확장되며 전사 단계 이후 유전자 발현을 조절하는 역할을 맡아 온 것으로 추정됩니다. 예를 들어 포유류와 어류의 공통 조상 이래로 90개의 miRNA가 보존돼 온 것으로 확인됐습니다. 이렇게 진화적으로 오래된 miRNA 유전자가 후대에 진화한 생물에서도 많이 보존돼 있고, 거의 사라지지 않았다는 사실은 miRNA가 유전자 조절에 매우 중요하다는 것을 보여줍니다.

● miRNA는 어떻게 만들어져 유전자 발현을 조절할까?

miRNA 유전자 데이터베이스인 miRBase를 보면, 2019년 기준으로 271개 생물에서 4만 8,860개의 miRNA 유전자 서열이 발견됐습니다. 동물뿐만 아니라 식물에서도 miRNA가 있는 것으로 알려져 있습니다. 사람의 유전체에는 1,000개 이상의 miRNA가 있는 것으로 확인됐습니다.

miRNA는 어떻게 만들어져 유전자 발현을 조절할까요? miRNA는 일반 유전자들처럼 DNA 내에 존재하고, 핵에서 RNA 중합효소에 의해 전사되어 만들어지는데요. miRNA 유전자는 DNA 내에 다양하게 분포합니다. 단독 유전자로 발견되기도 하고, 그룹으로 묶여 발견되기도 합니다. 또 단백질을 암호화하는 유전자 내에 같이 포함되어 있기도 합니다.

RNA 중합효소에 의해 전사된 1차 miRNA(pri-miRNA)는 조금 특이한 모양을 하고 있습니다. 서로 떨어진 뉴클레오타이드들이 상보적인 염기쌍을 이루며 접힙니다. 그래서 긴 사슬이 아니라 독특한 고리 모양을 하고 있습니다. 이를 헤어핀 구조, 혹은 줄기-고리 구조라고 합니다.

pri-miRNA는 핵 안에서 드로샤(Drosha)라는 효소에 의해 일부가 잘리며 2차로 전구 마이크로RNA(pre-miRNA)가 됩니다. pre-miRNA

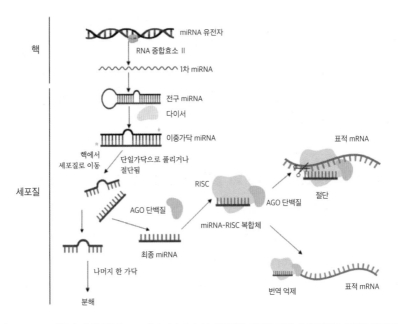

핵

RNA 중합효소 II

miRNA 유전자

1차 miRNA

전구 miRNA

다이서

이중가닥 miRNA

표적 mRNA

세포질

핵에서
세포질로 이동

단일가닥으로 풀리거나
절단됨

RISC

AGO 단백질

절단

AGO 단백질

miRNA-RISC 복합체

최종 miRNA

나머지 한 가닥

분해

번역 억제

표적 mRNA

○ miRNA는 다른 유전자들처럼 DNA에서 전사되며, 여러 복잡한 과정을 거쳐 약 22개의 뉴클레오타이드를
가진 형태로 만들어진다. miRNA는 표적 mRNA와 완전히 결합해 mRNA를 분해하거나, 부분적으로 결합해
리보솜이 단백질 합성을 하지 못하도록 막는 방식으로 유전자 발현을 조절한다.   © life(2021)

는 약 70개의 뉴클레오타이드로 이뤄져 있는데, 운반 단백질이 pre-
miRNA에 결합해 pre-miRNA를 핵에서 세포질로 운반합니다.

세포질로 나가면, 다이서(Dicer)라는 또 다른 효소가 pre-miRNA를
자릅니다. 그 결과 약 22개 뉴클레오타이드 길이의 이중가닥 RNA가
생기죠. 이 중 한 가닥이 AGO라는 단백질과 결합해 RISC라 불리는
복합체를 형성합니다. 이 상태가 최종적인 miRNA로, 비로소 유전자
발현을 조절할 준비가 된 상태입니다.

miRNA는 주로 두 가지 방식으로 유전자 발현을 억제합니다. 우
선 miRNA가 표적 mRNA와 완전히 상보적으로 결합하는 경우가 있

습니다. 이때 RISC에 같이 결합해 있는 AGO 단백질이 mRNA를 잘라 분해합니다. 분해된 mRNA는 단백질로 번역되지 못해 유전자 발현이 되지 않죠.

염기서열이 완전히 상보적으로 같지 않아도, 대강 비슷한 서열을 가지고 있어 표적 mRNA와 부분적으로 결합하는 경우가 있습니다. 이 경우에는 mRNA가 리보솜과 결합하는 것을 방해해 번역 과정이 시작되지 못하도록 막거나, 번역 과정이 시작되더라도 중간에 리보솜이 떨어져나가도록 방해합니다. 결과적으로 단백질이 제대로 만들어지지 않아 유전자 발현이 억제됩니다. 즉, miRNA는 표적 mRNA와 결합해 mRNA를 아예 분해해버리거나 단백질 합성을 방해함으로써 유전자 발현을 억제합니다. 하나의 miRNA는 다양한 유전자의 발현을 조절할 수 있고, 반대로 하나의 유전자가 여러 miRNA에 의해 조절되기도 합니다.

● 질병 치료에 돌파구를 열어줄 miRNA

노벨 생리의학상으로 선정될 만큼 miRNA가 중요한 이유는 결국 질병과 연결되기 때문입니다. miRNA는 유전자의 발현을 조절해 세포의 성장, 분화, 사멸 등 다양한 생명 현상을 조절하는 핵심 역할을 합니다. 만약 miRNA가 잘못되어 유전자 발현이 제대로 조절되지 않는다면 세포와 조직은 정상적으로 발달하지 못하고, 질병을 일으킬 수 있습니다.

지금까지 많은 질병들이 특정 miRNA의 이상과 관련이 있다는 것이 밝혀졌습니다. 예를 들어 miR-96 유전자에 돌연변이가 있다면 진행성 난청 질환이 발생할 수 있습니다. miR-17~92 유전자가 없다면

골격과 성장에 결함이 생깁니다. 또 앞서 miRNA의 생성 과정에 중요한 역할을 했던 다이서 효소에 돌연변이가 생기면 신장, 갑상선, 난소, 뇌, 눈, 폐 등 다양한 장기 및 조직에 종양이 발생하는 희귀 유전성 질환이 발생할 수 있습니다.

암 발생에도 특정 miRNA들이 관여합니다. 예를 들어 miR-17-192라는 miRNA는 폐암이나 림프종과 같은 특정 암에서 많이 만들어지는데, 이 경우 miRNA 유전자는 종양 유전자로 불립니다. 이들은 종양 억제 유전자를 억제해 암 발생에 관여하는 것으로 알려졌습니다. 반대로 miRNA의 발현이 줄어들어 암이 생기는 경우도 있습니다. 대표적인 것이 let-7 miRNA로, 이 miRNA가 줄어들면 암이 생길 수 있습니다.

이외에도 심혈관질환, 신경계 질환에서 miRNA가 중요한 역할을 하며, 알코올 중독에도 miRNA가 관여한다는 사실이 밝혀졌습니다. 이처럼 다양한 질병의 발생과 진행에 관여하고 있어, miRNA는 질병의 진단 및 치료 전략에 활용될 수 있습니다. 우선 특정 질병과 관련된 miRNA를 이용해 질병을 조기에 진단할 수 있습니다. 혈액이나 소변 등에서 miRNA를 검출해 질병을 진단하는 도구로 개발할 수 있죠.

miRNA를 이용해 질병을 치료하는 새로운 치료법도 개발되고 있습니다. 예를 들어 인공 miRNA를 투여함으로써 암과 관련된 유전자를 억제하거나, 해당 질병에 관여하는 miRNA 자체를 억제하는 방법이 가능합니다. 또 유전자 검사처럼, 개인의 miRNA 프로파일을 분석해 어떤 질병이 얼마나 생길 수 있는지 예측하고 맞춤형 치료 전략을 수립할 수도 있습니다.

다만 miRNA 치료제 개발은 아직 초기 단계입니다. 여러 약물

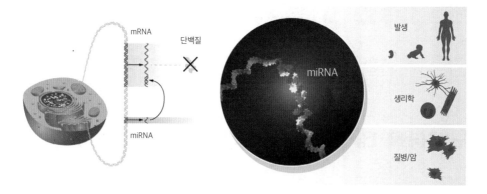

◎ miRNA는 유전자 발현 조절을 통해 세포의 성장, 분화, 죽음 등 다양한 생명 현상에 관여할 뿐만 아니라 암과 같은 질병에도 관여한다. © The Nobel Committee for Physiology or Medicine. Ill. Mattias Karlen

이 연구됐지만, 임상시험까지 진입한 치료제는 소수에 불과하며, 임상 3상에 진입하거나 미국식품의약국(FDA) 등의 승인을 받은 치료제는 없습니다. 하나의 miRNA는 다양한 유전자와 상호작용하며 복잡한 경로에 관여하기 때문에, 예상치 못한 심각한 부작용이 생길 수 있기 때문입니다. 원하는 대상에만 정확히 효과를 내는 치료제를 개발하기 위해서는 miRNA에 대한 연구가 더 많이 진행돼야 합니다. 또 RNA는 체내에서 쉽게 분해될 수 있으므로, 원하는 표적에 안정적으로 전달될 수 있는 기술도 필요합니다. 이러한 과제들이 해결된다면, miRNA 치료제는 질병 치료의 새로운 지평을 열 수 있을 것입니다. miRNA 연구가 더 발전해 인류가 질병을 정복할 그 날이 오기를 바랍니다.

노벨상을 네 번이나 수상한 예쁜꼬마선충

올해 노벨 생리의학상 수상자들의 뒤에는 숨은 주인공이 있었습니다. 바로 1mm도 되지 않는 작은 과학계의 스타, 예쁜꼬마선충입니다. 앰브로스 교수와 러브컨 교수가 miRNA를 발견하도록 도와준 생물이죠. 러브컨 교수는 노벨상 수상 이후 기자회견에서 예쁜꼬마선충을 가리켜 "지구상에서 가장 멋진 생명체"라고 말하기도 했는데요. 이 작은 선충은 올해 무려 네 번째 노벨상을 수상하며 과학계의 '노벨상 제조기'로 불리고 있습니다.

예쁜꼬마선충은 다 자란 성체의 크기가 1mm 남짓한 작은 선충입니다. 학명은 *Caenorhabditis elegans*인데, 현미경으로 봤을 때 부드럽게 움직이는 모습이 우아하다고 해서 '엘레강스'라는 말이 붙었습니다. 원래 흙 속에서 살며 세균을 먹고 살던

◉ 예쁜꼬마선충은 생물학에서 이용되는 대표적인 모델동물이다.

동물이었지만, 현재는 생물학 분야의 모델생물로 전 세계 실험실에서 더 많이 자라고 있습니다.

모델생물이란 특정 생물학적 현상을 연구하기 위해 사용되는 생물을 말합니다. 과학자들은 복잡한 생명현상을 단순화된 모델생물을 통해 연구하고, 그 결과를 인간에게 적

용하고 있습니다. 우리가 보기에는 그저 지렁이와 비슷하게 생겼을 뿐인데, 예쁜꼬마선충은 대체 어떤 매력이 있어 과학계에서 널리 연구되는 모델생물로 자리매김할 수 있었을까요?

우선 예쁜꼬마선충은 인간과 놀라울 정도로 비슷한 유전자를 갖고 있습니다. 신경계, 소화계 등 우리 몸의 기본적인 시스템을 모두 갖추고 있죠. 그럼에도 유전체 길이가 약 1억 개 염기쌍 정도로 비교적 짧고 간단합니다. 그래서 유전체를 분석해 유전자 기능을 연구하는 데 매우 유용하죠. 예쁜꼬마선충의 세포수는 959개, 뉴런은 302개로 모두 밝혀져 있고, 다세포 생물 중 유전체가 모두 해독된 첫 생물로 많은 정보가 축적돼 있기도 합니다.

또 번식력이 뛰어나 짧은 시간 안에 많은 자손을 낳습니다. 예쁜꼬마선충은 자웅동체와 수컷으로 성별이 나뉘어 있는데요, 자웅동체는 자가수정을 통해 약 300마리의 자손을 낳을 수 있고, 수컷과 수정을 하면 두 배 이상 더 많은 자손을 낳을 수 있습니다. 그리고 사흘이면 알에서 성체까지 자랄 정도로 성장 속도가 빠릅니다. 이 덕분에 특정 유전자에 돌연변이를 시킨 뒤 어떤 일이 일어나는지 빠르게 관찰할 수 있어 유전학 연구에 안성맞춤이죠.

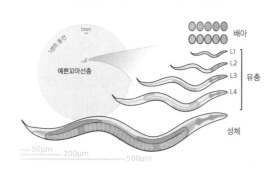

예쁜꼬마선충의 몸이 투명하다는 것도 모델생물로서 큰 장점입니다. 현미경으로 내부를 직접 관찰할 수 있기 때문에 세포 분열, 신경 연결 등 다양한 생명 현상을 실시간으로 볼 수 있습니다. 이러한 여러 가지 이유로 예쁜꼬마선충은 과학자들에게 큰 사랑을 받으며 과학계에 엄청난 영향을 끼쳤습니다. 예쁜꼬마

● 예쁜꼬마선충은 알에서 L1, L2, L3, L4의 유충 단계를 거쳐 성체가 된다. 이 과정이 총 사흘밖에 걸리지 않기 때문에 유전학 연구에 유용하다. © Wikimedia Commons

선충 덕분에 세포생물학, 신경생물학, 노화, 유전자 발현 조절 연구 분야에서 수많은 성과를 낼 수 있었습니다. 예쁜꼬마선충으로 진행한 연구가 네 번이나 노벨상을 받았다는 것이 이를 증명하죠.

예쁜꼬마선충 연구에 처음 노벨상이 수여된 것은 2002년입니다. 영국의 과학자인 시드니 브레너, 존 설스턴과 앞서 소개했던 호비츠 교수, 세 명이 예쁜꼬마선충 연구로 노벨 생리의학상을 받았습니다. 브레너 박사는 예쁜꼬마선충을 흙에서 실험실로 옮겨 와 훌륭한 실험모델로 만든 장본인이기도 한데요, 세 사람은 '세포 사멸'이라는 생명현상을 밝혀낸 공로를 인정받았습니다.

세포 사멸은 불필요하거나 손상된 세포가 스스로 죽는 과정을 말합니다. 낡은 건물을 부수고 새 건물을 짓는 것처럼, 우리 몸도 때마다 낡은 세포를 제거하고 새로운 세포로 교체합니다. 세포 사멸 과정은 발생 과정, 면역 반응, 질병 발생 등에 매우 중요합니다.

◉ 2002년도 노벨 생리의학상을 수상한 시드니 브레너, 로버트 호비츠, 존 설스턴(왼쪽부터).

예쁜꼬마선충은 유생 시기에 1,090개의 세포가 생성되지만, 성체로 발성하는 과정에서 정확히 131개의 세포가 죽습니다. 세 사람은 예쁜꼬마선충의 세포 사멸을 연구해, 세포 사멸이 특정 시기에 정확히 일어나도록 프로그래밍되어 있다는 것을 밝히고 이 과정에 중요한 역할을 하는 유전자들을 찾아냈습니다. 그리고 세포 사멸이 예쁜꼬마선충만이 아니라 인간을 포함한 다른 동물에서도 똑같이 일어난다는 사실을 밝혀냈습니다.

2006년에는 앤드루 파이어 미국 스탠퍼드대 의대 교수와 크레이그 멜로 미국 매사

◉ 2008년도 노벨 생리의학상을 수상한 크레이그 멜로(왼쪽)와 앤드루 파이어.

추세츠 의대 교수가 예쁜꼬마선충 연구로 노벨 생리의학상을 수상했습니다. 예쁜꼬마선충에게는 두 번째 노벨상이었죠. 이들은 'RNA 간섭(RNAi)' 현상을 발견한 공로로 노벨상을 받았는데요. RNAi는 '작은 간섭 RNA(siRNA)'라는 작은 이중가닥 RNA가 특정 유전자의 mRNA에 결합해 유전자 발현을 억제하는 현상입니다. 두 사람은 예쁜꼬마선충에 인공적으로 siRNA를 주입한 결과, 특정 유전자의 발현이 억제되는 것을 발견했습니다.

그런데 이 내용, 어디서 들어본 것 같지 않나요? 맞습니다. RNAi는 올해 노벨상을 받은 miRNA와 비슷합니다. 약 20개의 뉴클레오타이드로 이뤄진 작은 RNA가 mRNA와 상보적으로 결합해 유전자 발현을 조절한다는 점에서 굉장히 비슷하죠.

다만 miRNA와 RNAi에는 몇 가지 차이점이 있습니다. 우선 miRNA는 우리 몸의 유전자로부터 만들어지는 반면, siRNA는 외부에서 도입된 RNA라는 점에서 차이가 있습니다. 그리고 miRNA는 단일 가닥이지만, siRNA는 이중가닥으로 이뤄져 있습니다.

표적 mRNA를 인식해 작용하는 방식에서도 차이가 있는데요, siRNA는 표적 mRNA와 100% 완벽하게 상보적인 염기 서열을 가져야만 결합할 수 있습니다. 그래서 굉장히 특이적으로 유전자 발현을 억제할 수 있죠. 반면 miRNA는 완전히 상보적이지 않아도 mRNA에 결합할 수 있습니다. '시드서열'이라고 불리는 6~8개의 염기에 상보적으로 결합할 수 있다면 단백질 합성을 막을 수 있습니다. 하나의 miRNA가 수많은 유전자를 조절할 수 있는 것이 바로 이런 이유 때문입니다.

이렇게 비슷한 연구가 이미 노벨상을 받은 적이 있었기 때문에, 사실 앰브로스 교수는 본인이 노벨상을 받을 거라는 생각을 전혀 하지 않았다고 합니다. 그는 이번 수상 소감에서 "저는 이미 RNAi 연구가 노벨상을 받았다는 사실을 알고 있었기에, 그때의 상이 miRNA 연구를 포괄하는 상이라고 생각했습니다."라고 말하기도 했습니다. 게다가 멜로 교수는 앰브로스 교수의 제자였습니다. 스승보다 제자가 먼저 노벨상을 받았던 셈이죠.

RNAi는 현재 치료제로 활발히 개발되고 있습니다. miRNA는 아직 이렇다 할 성과가 없는 반면, RNAi 치료제는 이미 2018년 첫 치료제가 출시되었습니다. 미국 바이오벤처 기업 앨나이람 파마슈티컬즈가 개발한 '파티시란(제품명 온파트로)'이라는 치료제인데요, 희귀 신경 질환인 '유전성 트랜스티레틴 아밀로이드증'을 치료하는 약물입니다. 이 질병에 걸린 사람들은 트랜스티레틴이라는 단백질이 분해되지 않고 신경세포나 심장 등의 여러 장기에 쌓여 말초 신경계에 손상이 일어납니다. 파티시란은 RNAi 현상을 이용해 이 단백질의 생산을 억제하며 질병의 진행을 막는 역할을 합니다. 이후로도 다양한 RNAi 기반 치료제가 출시되거나 개발되고 있습니다.

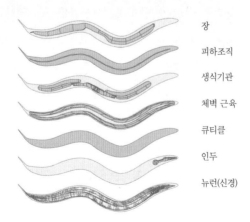

장
피하조직
생식기관
체벽 근육
큐티클
인두
뉴런(신경)

○ 예쁜꼬마선충의 조직. 신경계, 소화계 등 인간이 가진 기본적인 시스템을 모두 갖추고 있다. © Wikimedia Commons

예쁜꼬마선충이 받은 세 번째 노벨상은 녹색 형광 단백질(GFP)을 발견하고 개발한 공로로 시모무라 오사무, 로저 첸, 마틴 챌피가 수상한 2008년 노벨 화학상입니다.

⊙ 2008년도 노벨 화학상을 수상한 시모무라 오사무, 마틴 챌피, 로저 첸 (왼쪽부터).

다만 이 경우는 예쁜꼬마선충의 단독(?) 수상은 아닌데요. GFP는 해파리에서 처음 발견된 단백질이기 때문입니다. GFP는 특정 파장의 빛을 쬘 때 녹색 빛을 내는 특징을 가지고 있어, 이를 이용하면 살아있는 세포나 생명체 내에서 특정 유전자가 발현되는 위치와 시기를 직접 관찰할 수 있습니다. 이 덕분에 생명현상을 실시간으로 관찰할 수 있게 되면서 생물학 연구에 획기적인 변화가 일어났죠. 오사무 박사는 해파리에서 GFP를 처음 분리해 정제했고, 첸 박사는 GFP의 발광 특성을 높이고 다양한 색깔의 형광 단백질을 개발했습니다. 챌피 박사는 GFP를 대장균과 예쁜꼬마선충에 도입해 생물학 연구에 활용하는 방법을 개발했죠. 그 덕분에 마치 예쁜꼬마선충에 형광등을 켠 것처럼, 특정 단백질이 어디에서 만들어지는지 볼 수 있게 되어 유전자의 기능을 연구하는 데 큰 도움이 되었답니다.

이렇게 예쁜꼬마선충은 인류의 과학 발전에 기여하며 네 번이나 노벨상을 '받았습니다'. 물론 실제로 상을 받은 건 과학자들이지만, 예쁜꼬마선충이 없었다면 불가능했을 일입니다. 예쁜꼬마선충은 여러분이 책을 읽고 있는 지금도, 수많은 과학자들에 의해 연구되고 있습니다. 작지만 위대한 이 생물이 앞으로 또 어떤 노벨상급 발견을 우리에게 선사할지, 정말 기대됩니다.

참고 자료

노벨 물리학상

- 스웨덴 왕립 과학 아카데미, 2024년 노벨 물리학상 보도자료
  https://www.nobelprize.org/prizes/physics/2024/press-release/
- 《과학동아》, 노벨상 2023 중 '물리학상-100경분의 1초, 아토초로 원자의 이온화 순간을 포착하다' (2023년 11월호)
- 《과학동아》, 99년 영광의 수상자: 화학상-아메드 즈웨일 (1999년 11월호)
- 《과학동아》, 2005 노벨상 세상을 사로잡다 중 '물리학상-레이저로 측정 한계 극복하다' (2005년 11월호)
- 동아사이언스, [노벨상 2023] X레이의 DNA 파괴 순간 포착… '아토초' 시대 연 과학자들, 물리학상
  https://www.dongascience.com/news.php?idx=61853
- 안될과학, 극한의 빛, 아토초 펄스?! 초고속 현상 연구를 위한 빛! (광주과학기술원 김경택 교수) [2023 노벨물리학상 1/2]
  https://www.youtube.com/watch?v=EHLn7bvJqU4
- 안될과학, 극한의 빛으로 전자를 관측하다! (광주과학기술원 김경택 교수) [2023 노벨물리학상 2/2]
  https://www.youtube.com/watch?v=2DJkvRcWXJk
- 물리학백과, 천문학백과, 화학백과, 지식백과 등

노벨 화학상

- 스웨덴 왕립 과학 아카데미, 2024년 노벨 화학상 보도자료
  https://www.nobelprize.org/prizes/chemistry/2024/press-release/
- 동아사이언스, [과학자가 해설하는 노벨상] 단백질 구조 예측 넘어 '새 단백질' 설계까지
  https://www.dongascience.com/news.php?idx=67890

- 동아사이언스, 노벨상 받은 단백질 구조 예측 AI, 원하는 대로 결합하는 단백질에 도전
  https://www.dongascience.com/news.php?idx=68044
- 케미스트리월드, 단백질 설계와 구조 예측이 2024년 노벨 화학상을 수상한 이유
  https://www.chemistryworld.com/news/explainer-why-have-protein-design-and-structure-prediction-won-the-2024-nobel-prize-in-chemistry/4020309.article
- 《뉴욕타임즈》, 화학 분야 노벨상 단백질 예측 및 창조로 3명의 과학자에게 수여
  https://www.nytimes.com/2024/10/09/science/nobel-prize-chemistry.html
- Thoughtco., 단백질의 4가지 유형
  https://www.thoughtco.com/protein-structure-373563#:~:text=There%20are%20two%20general%20classes,are%20typically%20elongated%20and%20insoluble.
- pbs 뉴스, 노벨 화학상 수상자의 연구
  https://www.pbs.org/newshour/show/winner-of-nobel-prize-in-chemistry-describes-how-his-work-could-transform-lives

노벨 생리의학상
- 스웨덴 왕립 과학 아카데미, 2024년 노벨 생리의학상 보도자료
  https://www.nobelprize.org/prizes/medicine/2024/press-release/
- 《연합뉴스》, [이지 사이언스] 노벨상 4번 거든 예쁜꼬마선충
  https://www.yna.co.kr/view/AKR20241018147700017
- 동아사이언스, [과학자가 해설하는 노벨상] ①생리의학상… 유전자발현 정밀 조절자 miRNA
  https://www.dongascience.com/news.php?idx=67834
- 사이언스뉴스, 마이크로RNA의 발견으로 2024년 노벨 생리의학상 수상
  https://www.sciencenews.org/article/microrna-2023-nobel-physiology-medicine
- O'Brien Jacob, Hayder Heyam, Zayed Yara, Peng Chun. Overview

of MicroRNA Biogenesis, Mechanisms of Actions, and Circulation. Frontiers in Endocrinology. 2018 volume 9. doi:10.3389/fendo.2018.00402
https://www.frontiersin.org/journals/endocrinology/articles/10.3389/fendo.2018.00402
• Seyhan AA. Trials and Tribulations of MicroRNA Therapeutics. Int J Mol Sci. 2024 Jan 25;25(3):1469. doi: 10.3390/ijms25031469
https://www.mdpi.com/1422-0067/25/3/1469